과학탐구 영역(물리학 I)

제 4 교시

성명 [　　　　] 수험 번호 [　　　　] ─ [　　　] 제 [　] 선택

---

1. 그림 (가), (나), (다)는 각각 그네를 타는 아이, 등속 원운동하는 회전 관람차, 아래로 떨어지는 공을 나타낸 것이다.

  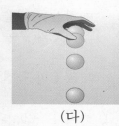

(가)　　　　　(나)　　　　　(다)

이에 대한 설명으로 옳은 것만을 <보기>에서 있는 대로 고른 것은?

─<보 기>─
ㄱ. (가)에서 그네의 속력은 변한다.
ㄴ. (나)에서 회전 관람차의 속도는 일정하다.
ㄷ. (다)에서 공에 작용하는 중력의 방향과 물체의 운동 방향은 같다.

① ㄱ　② ㄴ　③ ㄱ, ㄷ　④ ㄴ, ㄷ　⑤ ㄱ, ㄴ, ㄷ

---

2. 그림은 파장에 따른 전자기파의 분류를 나타낸 것이다.

```
        X선   가시광선  마이크로파
  ────────────────────────────────
  감마선    자외선 적외선      라디오파
  ────────────────────────────────
  A                                B
```

이에 대한 설명으로 옳은 것만을 <보기>에서 있는 대로 고른 것은?

─<보 기>─
ㄱ. A에서 B로 갈수록 파장의 길이는 짧아진다.
ㄴ. 진공에서 X선의 속력은 라디오파의 속력보다 크다.
ㄷ. 야간 투시경에 사용되는 전자기파는 레이더와 위성통신에 사용되는 전자기파보다 진동수가 크다.

① ㄱ　② ㄷ　③ ㄱ, ㄴ　④ ㄴ, ㄷ　⑤ ㄱ, ㄴ, ㄷ

---

3. 그림 A, B, C는 파동의 성질이 실생활에서 이용되는 예를 나타낸 것이다.

 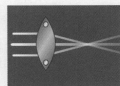 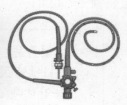

A. 쌍안경　　B. 렌즈　　C. 내시경

A, B, C 중 빛의 전반사를 활용한 예만을 있는 대로 고른 것은?

① A　② C　③ A, C　④ B, C　⑤ A, B, C

---

4. 다음은 전동기에 대한 내용이다.

전동기는 ⊙ 전류의 자기 작용을 이용하여 회전 운동을 하는 장치이다. 전동기 속 자석 사이에 있는 코일에 전류가 흐를 때 코일에는 자기장이 형성되고, 자석과 상호 작용하는 ⊙ 자기력에 의해 코일이 회전하게 된다. 전동기는 전기 자동차, 선풍기, 세탁기, 엘리베이터 등 다양한 기계 장치의 기본적인 부품으로 이용된다.

이에 대한 설명으로 옳은 것만을 <보기>에서 있는 대로 고른 것은? [3점]

─<보 기>─
ㄱ. 전동기는 전기 에너지를 운동 에너지로 전환한다.
ㄴ. 자기 공명 영상 장치(MRI)는 ⊙을 이용하여 인체 내부의 영상을 얻는다.
ㄷ. 코일에 흐르는 전류의 세기가 커질수록 ⊙의 크기는 커진다.

① ㄱ　② ㄷ　③ ㄱ, ㄴ　④ ㄴ, ㄷ　⑤ ㄱ, ㄴ, ㄷ

---

5. 그림 (가)는 수평면에 고정된 용수철에 물체 A, B를 가만히 놓았더니 용수철이 원래 길이에서 $2x_0$만큼 압축되어 정지해 있는 것을, (나)는 (가)에서 A, B의 위치를 바꾼 후 B에 연직 아래 방향으로 크기가 F인 힘을 작용하였더니 용수철이 원래 길이에서 $3x_0$만큼 압축되어 정지해 있는 것을 나타낸 것이다. A가 B에 작용하는 힘의 크기는 (가)와 (나)에서 같다.

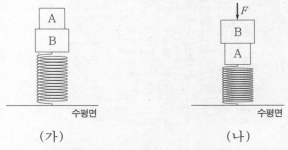

(가)　　　　　(나)

이에 대한 설명으로 옳은 것만을 <보기>에서 있는 대로 고른 것은? (단, 물체의 크기, 용수철의 질량은 무시한다.) [3점]

─<보 기>─
ㄱ. (가)에서 B가 A에 작용하는 힘과 A에 작용하는 중력은 힘의 평형 관계이다.
ㄴ. (가)에서 용수철이 B에 작용하는 힘의 크기는 3F이다.
ㄷ. (나)에서 A가 B에 작용하는 힘의 크기는 $\frac{3}{2}F$이다.

① ㄱ　② ㄴ　③ ㄱ, ㄷ　④ ㄴ, ㄷ　⑤ ㄱ, ㄴ, ㄷ

6. 다음은 전자기 유도에 대한 실험이다.

[실험 과정]

(가) 그림과 같이 코일에 p-n 접합 발광 다이오드(LED)를 연결한다.

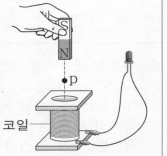

(나) 자석의 N극을 아래로 하고, 코일의 중심축을 따라 자석을 일정한 속력으로 코일에 가까이 가져간다.

(다) LED가 켜지는지 관찰하며, 만약 켜진다면 LED에서 나오는 빛의 색깔을 관찰한다.

(라) (나)에서 자석의 S극을 아래로 하고, 코일의 중심축을 따라 자석을 (나)에서와 같은 속력으로 코일에서 멀어지게 한다.

[실험 결과]

(다)의 결과	(라)의 결과
㉠	LED에서 붉은색 빛이 방출된다.

이에 대한 설명으로 옳은 것만을 <보기>에서 있는 대로 고른 것은? [3점]

─── <보 기> ───

ㄱ. ㉠은 'LED에서 붉은색 빛이 방출된다.'이다.

ㄴ. 전자기 유도를 활용한 장치로는 스피커가 있다.

ㄷ. 과정 (라)에서 자석의 속력을 계속 증가시키면 LED에서 파란색 빛이 나올 수 있다.

① ㄱ 　② ㄴ 　③ ㄱ, ㄴ 　④ ㄱ, ㄷ 　⑤ ㄱ, ㄴ, ㄷ

7. 그림은 동일한 전지, 전구, p-n 접합 다이오드 A, B, C, D와 스위치를 이용하여 구성한 회로를 나타낸 것이다. 스위치를 a, b에 연결하였을 때 모두 전구에 불이 켜졌으며, X, Y, Z는 각각 p형 반도체 또는 n형 반도체 중 하나이다.

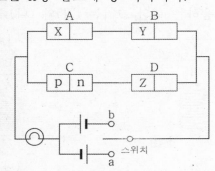

이에 대한 설명으로 옳은 것만을 <보기>에서 있는 대로 고른 것은?

─── <보 기> ───

ㄱ. X는 전자가 주된 전하 운반자의 역할을 하는 순수(고유) 반도체이다.

ㄴ. 스위치를 a에 연결하였을 때 Z에 있는 양공은 p-n 접합면 쪽으로 이동한다.

ㄷ. Y는 남는 전자가 전도띠 바로 아래에 새로운 에너지띠를 형성한 반도체이다.

① ㄱ 　② ㄷ 　③ ㄱ, ㄴ 　④ ㄴ, ㄷ 　⑤ ㄱ, ㄴ, ㄷ

8. 그림은 정지한 입자 A, B, C에 크기가 F로 일정한 힘이 각각 작용할 때, 입자 A, B, C의 운동 에너지를 시간에 따라 나타낸 것이다.

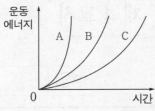

이에 대한 설명으로 옳은 것만을 <보기>에서 있는 대로 고른 것은? [3점]

─── <보 기> ───

ㄱ. 시간이 같을 때, A와 B의 물질파 파장은 같다.

ㄴ. A, C의 운동 에너지가 같을 때, 물질파 파장은 C가 A보다 길다.

ㄷ. B, C의 물질파 파장이 같을 때, 속력은 B가 C보다 작다.

① ㄱ 　② ㄴ 　③ ㄱ, ㄴ 　④ ㄱ, ㄷ 　⑤ ㄱ, ㄴ, ㄷ

9. 다음은 태양에서 일어나는 핵반응의 반응식이다.

$$_1^2\mathrm{H} + \mathrm{X} \rightarrow {}_2^4\mathrm{He} + {}_0^1\mathrm{n} + 17.6\,\mathrm{MeV}$$

이에 대한 설명으로 옳은 것만을 <보기>에서 있는 대로 고른 것은?

─── <보 기> ───

ㄱ. X는 삼중수소($_1^3\mathrm{H}$) 원자핵이다.

ㄴ. 방출된 에너지는 질량 결손에 의한 것이다.

ㄷ. 제시된 반응은 핵분열 반응보다 더 안정적이기 때문에 현재 원자력 발전소에서 주로 이용된다.

① ㄱ 　② ㄴ 　③ ㄱ, ㄴ 　④ ㄴ, ㄷ 　⑤ ㄱ, ㄴ, ㄷ

10. 그림 (가)는 단색광 X가 매질 Ⅰ에서 매질 Ⅱ로 진행하는 것을 나타낸 것이고, 그림 (나)는 단색광 X가 매질 Ⅰ에서 매질 Ⅲ으로 진행하는 것을 나타낸 것이다. (가)와 (나)에서 X의 입사각은 40°로 같고, 굴절각은 각각 30°, 60°이다.

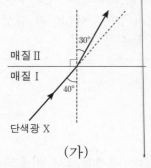
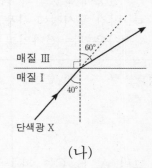

(가) 　　(나)

이에 대한 설명으로 옳은 것만을 <보기>에서 있는 대로 고른 것은? [3점]

─── <보 기> ───

ㄱ. 굴절률은 Ⅰ이 Ⅱ보다 크다.

ㄴ. (나)에서 X의 진동수는 Ⅰ을 지나는 동안이 Ⅲ을 지나는 동안보다 크다.

ㄷ. Ⅱ에 대한 Ⅲ의 상대 굴절률은 $\frac{\sqrt{3}}{3}$이다.

① ㄱ 　② ㄷ 　③ ㄱ, ㄴ 　④ ㄴ, ㄷ 　⑤ ㄱ, ㄴ, ㄷ

11. 그림은 보어의 수소 원자 모형에서 양자수 n에 따른 에너지 준위 일부와 전자의 전이 a, b, c, d를 나타낸 것이다.

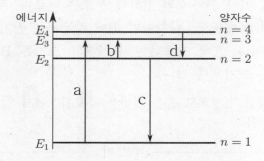

이에 대한 설명으로 옳은 것만을 <보기>에서 있는 대로 고른 것은?

<보 기>

ㄱ. a에서 흡수되는 빛의 파장은 c와 d에서 방출하는 빛의 파장을 합한 것과 같다.
ㄴ. b에서 흡수되는 빛의 선 스펙트럼은 파셴 계열이다.
ㄷ. 방출되는 광자의 진동수는 c에서가 d에서보다 크다.

① ㄱ   ② ㄷ   ③ ㄱ, ㄴ   ④ ㄴ, ㄷ   ⑤ ㄱ, ㄴ, ㄷ

12. 그림 (가)는 수평면에서 물체 A, B가 $+x$방향으로 운동하는 것을 나타낸 것이다. 그림 (나)는 A와 B 사이의 거리 d를 시간 t에 따라 나타낸 것이다. A, B의 질량은 각각 1kg, 2kg이고, $t = 1$초일 때 B는 벽과 충돌하며 충돌 직전과 직후 B의 속력은 같다.

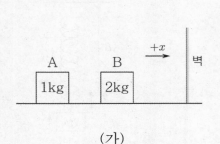 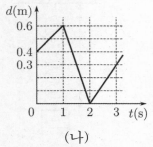

이에 대한 설명으로 옳은 것만을 <보기>에서 있는 대로 고른 것은? (단, A, B는 동일한 직선상에서 운동하고, 충돌하는 동안 걸린 시간, 모든 마찰과 공기 저항은 무시한다.) [3점]

<보 기>

ㄱ. 0.5초일 때, A의 속력은 0.4m/s이다.
ㄴ. 1.5초일 때, B의 운동량의 크기는 0.8kg·m/s이다.
ㄷ. 2.5초일 때, A와 B의 운동량의 크기는 같다.

① ㄱ   ② ㄴ   ③ ㄱ, ㄴ   ④ ㄴ, ㄷ   ⑤ ㄱ, ㄴ, ㄷ

13. 그림은 물체 A, B, C, D가 수평면과 나란한 방향으로 크기가

F로 일정한 힘을 받으며 등가속도 직선 운동하는 모습을 나타낸 것이다. B가 A를 미는 힘, C가 B를 미는 힘, D가 C를 미는 힘의 크기는 각각 F_1, $\frac{1}{4}F$, $4F_1$이며, D의 질량은 물체 A의 8배이다.

B의 질량은 C의 몇 배인가? (단, 모든 마찰 및 공기 저항은 무시한다.)

① 2   ② $\frac{5}{2}$ ③ 3   ④ $\frac{7}{2}$ ⑤ 4

14. 그림 (가)는 질량이 0.5kg인 공이 방석을 향해 직선 운동을 하는 모습을 나타낸 것이고, (나)는 공이 방석과 충돌하는 순간부터 공의 속력을 시간에 따라 나타낸 것이다. 0.2초부터 0.4초까지 공이 받은 평균 알짜힘의 크기는 0.1초부터 0.2초까지 공이 받은 평균 알짜힘의 크기의 2배이다.

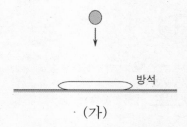 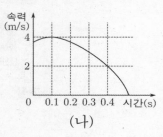

0.2초일 때, 공의 운동량의 크기는?

① 1.4kg·m/s   ② 1.5kg·m/s   ③ 1.6kg·m/s
④ 1.7kg·m/s   ⑤ 1.8kg·m/s

15. 그림은 어떤 열기관에서 일정량의 이상 기체가 상태 A→B→C→D→A를 따라 순환하는 동안 기체의 압력과 부피를 나타낸 것이다. 기체는 A→B, B→C, C→D의 과정에서 각각 압력, 부피, 온도가 일정하다. 기체가 D→A의 과정에서 방출하거나 흡수하는 열량은 0이다.

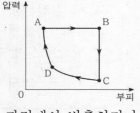

이에 대한 설명으로 옳은 것만을 <보기>에서 있는 대로 고른 것은? [3점]

<보 기>

ㄱ. B→C 과정에서 기체가 하는 일은 0이다.
ㄴ. 기체의 온도는 C에서가 A에서보다 높다.
ㄷ. A→B 과정에서 기체가 흡수하는 열량이 200J, C→D 과정에서 기체가 방출하는 열량이 160J일 때, 열기관의 열효율은 0.2보다 작다.

① ㄱ   ② ㄴ   ③ ㄱ, ㄴ   ④ ㄱ, ㄷ   ⑤ ㄱ, ㄴ, ㄷ

16. 그림은 줄에서 연속적으로 발생하는 두 파동 P, Q가 서로 반대 방향으로 x축과 나란하게 진행할 때, 두 파동이 만나지 전 시간 $t = 0$인 순간의 줄의 모습을 나타낸 것이다. P와 Q의 진동수는 0.125Hz로 같다. $t = 7$초일 때 $x = 9.5$m에서 합성파의 변위는 y_1이며, $t = 11$초일 때 $x = 8.5$m에서 합성파의 변위는 y_2이다.

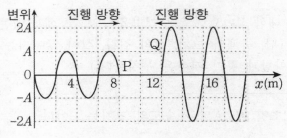

$\frac{y_1}{y_2}$는? (단, 파동은 사인파이다.)

① $\frac{1}{3}$ ② $\frac{1}{2}$ ③ 1   ④ 2   ⑤ 3

17. 그림과 같이 관찰자 A에 대해 광원, 거울, 관찰자 B가 거울과 광원을 잇는 직선과 나란하게 속력 $0.9c$로 등속도 운동한다. A의 관성계에서, 빛이 광원으로부터 거울을 향해 방출되며 빛이 광원과 거울 사이를 왕복하는 데 걸리는 시간은 T이다. B의 관성계에서, 거울과 광원 사이의 거리는 L이다.

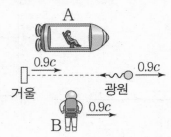

이에 대한 설명으로 옳은 것만을 <보기>에서 있는 대로 고른 것은? (단, 빛의 속력은 c이다.) [3점]

<보 기>

ㄱ. A의 관성계에서, 빛이 광원에서부터 거울까지 이동하는 데 걸린 시간은 빛이 거울에서부터 광원까지 이동하는 데 걸린 시간보다 길다.
ㄴ. B의 관성계에서, A의 운동 방향은 광원에서 빛이 방출되는 방향과 같다.
ㄷ. $T > \dfrac{2L}{c}$이다.

① ㄱ   ② ㄴ   ③ ㄱ, ㄷ   ④ ㄴ, ㄷ   ⑤ ㄱ, ㄴ, ㄷ

18. 그림은 기울기가 일정한 빗면 위에 0초일 때 실로 연결되어 정지한 물체 A, B에 빗면 위 방향으로 크기가 F로 일정한 힘이 작용하여, 두 물체가 빗면 위 방향으로 가속도의 크기가 a인 등가속도 운동을 하다 1초일 때 실이 끊어져 각각 등가속도 운동을 하는 모습을 나타낸 것이다. 2초일 때 A는 정지하며, B의 가속도의 크기는 $4a$이다. A와 B의 질량은 각각 M, m이다.

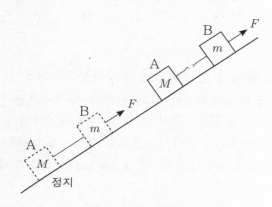

이에 대한 설명으로 옳은 것만을 <보기>에서 있는 대로 고른 것은? (단, 물체의 크기, 실의 질량, 실이 끊어지는 데 걸리는 시간, 마찰과 공기 저항은 무시한다.)

<보 기>

ㄱ. 2초일 때, A의 가속도의 크기는 a이다.
ㄴ. $M = \dfrac{3}{2}m$이다.
ㄷ. 0초에서 3초까지 이동한 거리는 B가 A의 7배이다.

① ㄱ   ② ㄴ   ③ ㄱ, ㄴ   ④ ㄱ, ㄷ   ⑤ ㄱ, ㄴ, ㄷ

19. 그림과 같이 x축 상에 점전하 A, B, C가 같은 거리만큼 떨어져 고정되어 있다. B와 C의 전하의 부호는 다르며, A에 작용하는 전기력의 방향은 $-x$방향이며, B에 작용하는 전기력의 방향은 $+x$방향이다. A에 작용하는 전기력의 크기는 B에 작용하는 전기력의 크기보다 크다.

이에 대한 설명으로 옳은 것만을 <보기>에서 있는 대로 고른 것은? [3점]

<보 기>

ㄱ. A와 B는 전하 부호가 다르다.
ㄴ. 전하량의 크기는 C가 가장 크다.
ㄷ. 전하량의 크기는 A가 B의 4배보다 작다.

① ㄱ   ② ㄴ   ③ ㄱ, ㄴ   ④ ㄱ, ㄷ   ⑤ ㄱ, ㄴ, ㄷ

20. 그림 (가)와 같이 원래 길이가 L인 용수철 A에 질량이 m인 물체를 연결했더니 A가 원래 길이에서 x만큼 늘어나 평형 상태로 정지하였다. 그림 (나)는 A와 동일한 용수철 B에 질량이 $2m$인 물체를 연결하여 d만큼 당겼다가 가만히 놓았더니 B의 길이가 $(L+x)$가 되는 지점을 물체가 v의 속력으로 통과하는 순간을 나타낸 것이다. (나)에서부터 물체가 x만큼 위로 올라갔을 때 물체의 속력은 0이다.

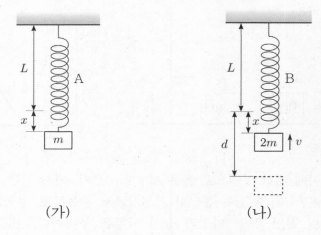

(가)   (나)

이에 대한 설명으로 옳은 것만을 <보기>에서 있는 대로 고른 것은? (단, 중력 가속도는 g이고, 물체의 크기, 용수철의 질량, 공기 저항은 무시한다.) [3점]

<보 기>

ㄱ. $x = \dfrac{d}{3}$이다.
ㄴ. $v = \sqrt{\dfrac{3gd}{8}}$이다.
ㄷ. (나)에서 물체를 놓는 순간부터 물체가 처음으로 속력이 0이 될 때까지 물체의 속력의 최댓값은 $\dfrac{2\sqrt{3}}{3}v$이다.

① ㄱ   ② ㄷ   ③ ㄱ, ㄴ   ④ ㄴ, ㄷ   ⑤ ㄱ, ㄴ, ㄷ

* 확인 사항
o 답안지의 해당란에 필요한 내용을 정확히 기입(표기)했는지 확인 하시오.

성명 [   ]   수험 번호 [   ][   ][   ][   ] — [   ][   ][   ]   제 [ ] 선택

1. 그림 A, B, C는 빛의 성질과 관련된 예를 나타낸 것이다.

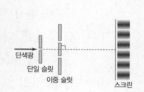

A. 뜨거운 도로 위 신기루   B. 물 속의 연필이 끊어져 보이는 현상   C. 스크린에 밝은 무늬와 어두운 무늬가 번갈아 나타나는 현상

A, B, C 중 빛의 굴절 현상과 관련된 예만을 있는 대로 고른 것은?

① A   ② B   ③ A, B   ④ B, C   ⑤ A, B, C

2. 다음은 두 가지 핵반응이다.

(가) $^2_1H + \bigcirc \rightarrow {}^4_2He + {}^1_0n + 17.6MeV$

(나) $^2_1H + {}^2_1H \rightarrow \bigcirc + {}^1_0n + 3.27MeV$

이에 대한 설명으로 옳은 것만을 <보기>에서 있는 대로 고른 것은?

─── <보 기> ───
ㄱ. ⊙과 ⓛ은 동위 원소이다.
ㄴ. 두 반응 모두 반응 전후의 전하량의 합은 보존된다.
ㄷ. 질량 결손은 (가)에서가 (나)에서보다 크다.

① ㄱ   ② ㄴ   ③ ㄱ, ㄴ   ④ ㄱ, ㄷ   ⑤ ㄴ, ㄷ

3. 그림 (가)는 전자기파를 기준 ⊙으로 분류한 것을, 그림 (나)는 어떤 전자기파가 비접촉 온도계에 사용되는 것을 나타낸 것이다. ⊙은 파장, 진동수 중 하나이고, A, B는 자외선, 적외선 중 하나이다.

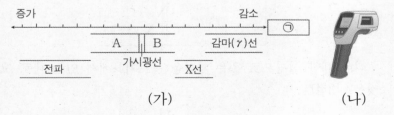

(가)   (나)

이에 대한 설명으로 옳은 것만을 <보기>에서 있는 대로 고른 것은?

─── <보 기> ───
ㄱ. ⊙은 진동수이다.
ㄴ. 비접촉 온도계에 이용되는 전자기파는 A이다.
ㄷ. A와 B는 진공에서 진행할 수 있다.

① ㄴ   ② ㄷ   ③ ㄱ, ㄷ   ④ ㄴ, ㄷ   ⑤ ㄱ, ㄴ, ㄷ

4. 다음은 물질의 전기 전도도에 대한 실험이다.

[실험 과정]
(가) 원기둥 모양의 막대 a, b, c를 준비한다. a, b, c는 각각 철, 물질 X, 물질 Y로 이루어졌다.
(나) a, b, c의 단면적과 길이를 측정한다.
(다) 저항 측정기를 이용하여 a, b, c의 저항값을 측정한다.
(라) (나)와 (다)의 측정값을 이용하여 각 물질의 전기 전도도를 구한다.

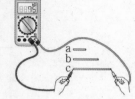

[실험 결과]

막대	단면적 (cm^2)	길이 (cm)	저항값 $(k\Omega)$	전기전도도 $(\Omega^{-1} \cdot m^{-1})$
a	0.10	1.0	⊙	1.0×10^7
b	0.50	2.0	ⓛ	2.0×10^{-3}
c	0.40	3.2	0.2	ⓒ

이에 대한 설명으로 옳은 것만을 <보기>에서 있는 대로 고른 것은? [3점]

─── <보 기> ───
ㄱ. ⊙은 ⓛ의 5.0×10^{-10} 배이다.
ㄴ. 물질 X로 b와 단면적은 같으며 길이가 2배인 원기둥 모양의 막대를 만든다면 비저항은 b에서의 2배이다.
ㄷ. Y는 도체이다.

① ㄱ   ② ㄱ, ㄴ   ③ ㄴ, ㄷ   ④ ㄱ, ㄷ   ⑤ ㄱ, ㄴ, ㄷ

5. 그림은 보어의 수소 원자 모형에서 양자수 n에 따른 에너지 준위 일부와 전자의 전이 A, B, C를 나타낸 것이다. A, B, C에서 흡수 또는 방출되는 빛의 파장은 각각 λ_A, λ_B, λ_C이다.

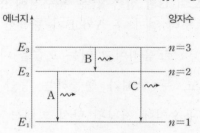

이에 대한 설명으로 옳은 것만을 <보기>에서 있는 대로 고른 것은? [3점]

─── <보 기> ───
ㄱ. C에서 빛을 흡수한다.
ㄴ. $\lambda_C < \lambda_A < \lambda_B$이다.
ㄷ. $\dfrac{\lambda_A + \lambda_B}{\lambda_A \lambda_B} = \dfrac{1}{\lambda_C}$이다.

① ㄱ   ② ㄴ   ③ ㄷ   ④ ㄱ, ㄴ   ⑤ ㄴ, ㄷ

6. 그림은 xy평면 위 두 파원 S_1, S_2와 점 P를 나타낸 것이다. S_1, S_2에서 발생하는 물결파는 xy평면 위에서 퍼져 나가며 두 물결파의 진동수, 진폭, 파장, 위상은 같다. 물결파의 파장은 0.4m이며, xy평면 위에서 S_1을 중심으로 하고 P를 지나는 원 위의 점에서 보강간섭이 일어나는 지점의 개수는 a이며, 선분 $\overline{S_1S_2}$ 위의 점에서 상쇄간섭이 일어나는 지점의 개수는 b이다.

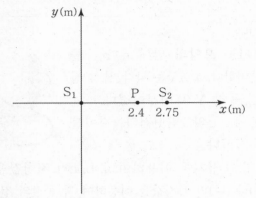

$\dfrac{a}{b}$ 는? [3점]

① $\dfrac{2}{7}$ 　② $\dfrac{10}{7}$ 　③ $\dfrac{5}{6}$ 　④ $\dfrac{12}{7}$ 　⑤ 2

7. 그림은 책상에 한쪽이 끝이 연결된 용수철에 물체가 연결되어 정지한 모습을 나타낸 것이다.

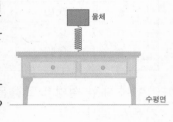

이에 대한 설명으로 옳은 것만을 <보기>에서 있는 대로 고른 것은? (단, 용수철의 질량은 무시한다.)

――――― < 보 기 > ―――――
ㄱ. 물체에 작용하는 중력과 물체가 지구를 당기는 힘은 작용 반작용 관계이다.
ㄴ. 물체에 작용하는 알짜힘은 0이다.
ㄷ. 물체에 작용하는 중력과 책상에 작용하는 중력의 합은 수평면이 책상을 미는 힘과 크기가 같다.

① ㄱ 　② ㄴ 　③ ㄱ, ㄴ ④ ㄱ, ㄷ ⑤ ㄱ, ㄴ, ㄷ

8. 그림 (가)와 같이 물체 A, B는 각각 속력 $2v$, v로 등속도 운동하고 있으며 B의 한쪽 끝은 용수철에 연결되어있다. 그림 (나)는 (가)로부터 얼마 후 A와 B가 충돌한 후 분리되어 각각 속력이 $\dfrac{2}{3}v$, $\dfrac{5}{3}v$로 움직이고 있는 모습을 나타낸 것이다. A의 질량은 m이고, 두 물체가 충돌하는 동안 용수철이 최대로 압축된 이후 용수철에 저장된 탄성 퍼텐셜 에너지가 $\dfrac{1}{4}mv^2$ 일 때 A의 속력은 v_1이다.

(가) 　　　　　(나)

v_1은? (단, 모든 마찰 및 저항, 충돌 시 열에 의한 에너지 손실, 용수철의 질량은 무시한다.) [3점]

① v 　② $\dfrac{7}{6}v$ 　③ $\dfrac{4}{3}v$ 　④ $\dfrac{9}{6}v$ 　⑤ $\dfrac{5}{3}v$

9. 다음은 광전 효과 실험이다.

〔실험 과정〕
(가) 금속판 P, Q와 단색광 A, B, C를 준비한다.
(나) 그림과 같이 회로를 구성한 후, 광전관 내에 금속판 P를 설치한다.

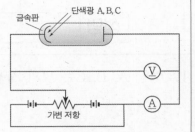

(다) 금속판에 단색광 A와 C를 동시에 비춘다.
(라) 가변 저항을 조절하며 전류계의 값이 0이 될 때의 전압을 측정하여 금속판으로부터 광전자의 방출 여부와 광전자의 최대 운동 에너지를 구한다.
(마) (가)에서 금속판과 금속판에 비추는 단색광을 바꾸어 가며 과정 (나)~(라)를 반복한다.

〔실험 결과〕

금속판	단색광	광전자의 방출 여부	광전자의 최대 운동 에너지
P	A, C	방출됨	$4E_0$
P	B	방출 안 됨	-
P	A, B	방출됨	㉠
Q	A, B	방출됨	$3E_0$
Q	B, C	방출됨	$5E_0$

이에 대한 설명으로 옳은 것만을 <보기>에서 있는 대로 고른 것은?

――――― < 보 기 > ―――――
ㄱ. 단색광 A의 파장은 B의 파장보다 작다.
ㄴ. B의 진동수는 P의 문턱 진동수보다 크다.
ㄷ. ㉠은 E_0보다 크다.

① ㄱ 　② ㄴ 　③ ㄱ, ㄴ ④ ㄱ, ㄷ ⑤ ㄴ, ㄷ

10. 그림은 단색광 X가 매질 A에서 매질 B로 입사각 θ로 입사한 후, B와 매질 C의 경계면에서 굴절하여 진행하는 모습을 나타낸 것이다. A와 B, B와 C 사이의 임계각은 각각 $60°$, $45°$이다.

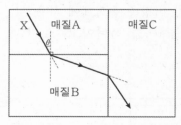

이에 대한 설명으로 옳은 것만을 <보기>에서 있는 대로 고른 것은? [3점]

――――― < 보 기 > ―――――
ㄱ. A와 C 사이의 임계각은 $45°$ 보다 작다.
ㄴ. X를 θ보다 큰 각으로 B에 입사시키면 X가 B와 C의 경계면에서 전반사할 수 있다.
ㄷ. $\sin\theta < \dfrac{\sqrt{6}}{4}$ 이다.

① ㄱ 　② ㄷ 　③ ㄱ, ㄴ ④ ㄴ, ㄷ ⑤ ㄱ, ㄴ, ㄷ

11. 그림은 xy평면에 수직인 방향의 자기장 영역에서 원형 금속 고리 A, B, C가 각각 $-y$ 방향, $+x$ 방향, $-x$ 방향으로 직선 운동하고 있는 순간의 모습을 나타낸 것이다. 자기장 영역에서 자기장은 일정하고 균일하다.

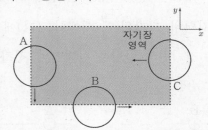

유도 전류가 흐르는 고리만을 있는 대로 고른 것은?
(단, A, B, C 사이의 상호 작용은 무시한다.) [3점]

① A   ② B   ③ C   ④ A, C   ⑤ B, C

12. 그림 (가)는 마찰이 없는 경사면에서 질량이 각각 $3m$, $2m$인 물체 A, B가 등가속도 운동을 하며 경사면 위 방향으로 움직이는 모습을 나타낸 것이며, (나)는 (가)에서 A와 B 사이의 거리를 시간 t에 따라 나타낸 것이다. $t=0$일 때 A의 속력은 B의 $\frac{5}{3}$배이며, $t=5t_0$일 때 A의 속도는 B의 2배이다. $t=0$일 때부터 $t=t_0$까지 A, B가 움직인 거리를 각각 L_A, L_B라 하자.

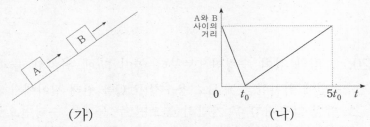

(가)   (나)

$L_A : L_B$는? (단, 물체의 충돌이 일어나는 시간은 매우 짧다.)

① $19:11$ ② $9:5$ ③ $17:9$ ④ $2:1$ ⑤ $15:7$

13. 그림과 같이 관찰자 A에 대해 관찰자 B가 탄 우주선이 x축 또는 y축과 나란하게 광속에 가까운 속력 v로 등속도 운동한다. B의 관성계에서 빛은 광원으로부터 각각 검출기 p, q, r, s를 향해 x축, y축과 나란한 방향으로 동시에 방출된다. 표는 A, B의 관성계에서 각각의 경로에 따라 빛이 진행하는 데 걸린 시간을 나타낸 것이다.

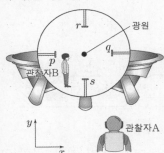

빛의 경로	걸린 시간	
	A의 관성계	B의 관성계
광원→p	t_1	t_2
광원→q	t_1	t_2
광원→r	t_3	t_2
광원→s	t_4	t_2

이에 대한 설명으로 옳은 것만을 <보기>에서 있는 대로 고른 것은? (단, 빛의 속력은 c이다.) [3점]

──────── <보 기> ────────
ㄱ. 우주선의 운동 방향은 x축과 나란하다.
ㄴ. $t_1 > t_2$이다.
ㄷ. B의 관성계에서 p에서 q까지의 거리는 $c(t_3+t_4)$보다 크다.
─────────────────────────

① ㄱ   ② ㄴ   ③ ㄷ   ④ ㄱ, ㄴ   ⑤ ㄴ, ㄷ

14. 그림 (가)는 물체 A에 24N의 힘을 주어 A가 등가속도 운동을 하는 모습을 나타낸 것으로 A의 가속도는 빗면 위 방향이며 크기는 a이다. 그림 (나)는 (가)와 기울기가 같은 빗면에서 물체 B에 24N의 힘을 주어 B가 등가속도 운동을 하는 모습을 나타낸 것으로 B의 가속도의 크기는 $2a$이고 실에 걸리는 장력의 크기는 6N이며, B의 질량은 3kg이다.

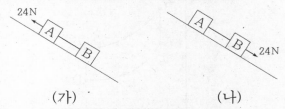

(가)   (나)

이에 대한 설명으로 옳은 것만을 <보기>에서 있는 대로 고른 것은? (단, 실의 질량 및 모든 마찰과 공기 저항은 무시한다.)

──────── <보 기> ────────
ㄱ. A의 질량은 1kg이다.
ㄴ. $a=4\text{m/s}^2$이다.
ㄷ. (가)에서 실에 걸리는 장력의 크기는 18N이다.
─────────────────────────

① ㄱ   ② ㄴ   ③ ㄱ, ㄴ   ④ ㄴ, ㄷ   ⑤ ㄱ, ㄴ, ㄷ

15. 그림과 같이 직선 도로에서 자동차 A가 기준선 P를 지나는 순간 S에 정지해 있던 자동차 B가 출발한다. A는 P에서 S까지 등가속도 운동을 하며, B는 S에서 R까지는 등가속도 운동을, R에서 Q까지는 다른 가속도로 등가속도 운동을, Q에서 P까지는 등속도 운동을 한다. A와 B는 R을 동시에 지나고, A가 S를 속력 v로 지나는 순간 B는 P를 속력 $8v$로 지난다. P와 R 사이의 거리, R과 S 사이의 거리는 각각 $4L$, L이다.

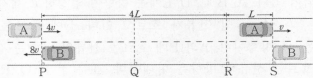

이에 대한 설명으로 옳은 것만을 <보기>에서 있는 대로 고른 것은? [3점]

──────── <보 기> ────────
ㄱ. A가 R에서 S까지 이동하는 동안, A와 B의 속력이 같은 순간이 존재한다.
ㄴ. P와 Q 사이의 거리는 Q와 R 사이의 거리보다 작다.
ㄷ. B의 가속도의 크기는 Q와 R 사이에서가 R에서 S 사이에서의 14배이다.
─────────────────────────

① ㄱ   ② ㄴ   ③ ㄱ, ㄴ   ④ ㄴ, ㄷ   ⑤ ㄱ, ㄴ, ㄷ

16. 그림은 광학 현미경과 전자 현미경에 대해 학생 A, B, C가 대화하는 모습을 나타낸 것이다.

제시한 내용이 옳은 학생만을 있는 대로 고른 것은?

① A   ② B   ③ A, B   ④ A, C   ⑤ A, B, C

17. 그림은 열효율이 0.125인 열기관에서 일정량의 이상 기체가 상태 A→B→C→D→A를 따라 순환하는 동안 기체의 압력과 부피를 나타낸 것이다. B→C 과정과 D→A 과정은 등온 과정이다. 기체가 A→B 과정에서 흡수한 열량은 100J이고, D→A 과정에서 방출한 열량은 110J이다.

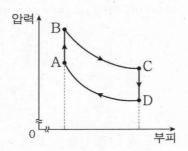

이에 대한 설명으로 옳은 것만을 <보기>에서 있는 대로 고른 것은?

―――― <보 기> ――――
ㄱ. 기체의 온도는 B에서가 D에서보다 낮다.
ㄴ. D→A 과정에서 기체가 외부에 한 일은 110J이다.
ㄷ. 기체가 한 번 순환하는 동안 한 일은 40J이다.

① ㄱ　② ㄴ　③ ㄱ, ㄷ　④ ㄴ, ㄷ　⑤ ㄱ, ㄴ, ㄷ

18. 그림과 같이 무한히 긴 직선 도선 A, B, C, D, E가 xy 평면에 고정되어 있다. A, B, C, D, E에는 방향이 일정하고 세기가 각각 I_1, I_1, I_2, I_0, I_2인 전류가 흐르고 있다. D에 흐르는 전류의 방향은 $+y$ 방향이며, A와 B에 흐르는 전류의 방향은 같고 C와 E에 흐르는 전류의 방향은 반대이다. 표는 점 P, Q, R에서 A, B, C, D, E의 전류에 의한 자기장의 세기를 나타낸 것이며, P에서 도선 A와 B에 흐르는 전류에 의한 자기장의 세기는 도선 C와 E의 전류에 의한 자기장의 세기보다 크며, Q에서 자기장의 방향은 xy평면에 수직으로 들어가는 방향이다.

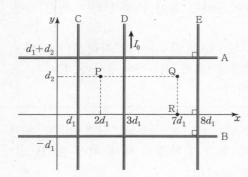

위치	A~E의 전류에 의한 자기장의 세기
P	$7B_0$
Q	$3B_0$
R	$2B_0$

이에 대한 설명으로 옳은 것만을 <보기>에서 있는 대로 고른 것은? [3점]

―――― <보 기> ――――
ㄱ. A의 전류의 방향은 $-x$ 방향이다.
ㄴ. Q에서 A, B의 전류에 의한 자기장의 세기는 $\frac{5}{2}B_0$이다.
ㄷ. $I_0 < 6I_2$ 이다.

① ㄱ　② ㄴ　③ ㄷ　④ ㄱ, ㄴ　⑤ ㄴ, ㄷ

19. 그림 (가)는 점전하 A, B, C를 x축상에 고정시킨 것으로 B는 양(+)전하이다. 그림 (나)는 (가)에서 B를 떼어내고 $x = 3d$에 양(+)전하인 점전하 D를 고정시킨 것으로, D에 작용하는 전기력은 0이며, C가 A에 작용하는 전기력의 크기는 D가 A에 작용하는 전기력의 크기의 $\frac{9}{4}$ 배이다. (가)에서 B와 (나)에서 C에 작용하는 전기력의 방향은 반대이며, 전하량의 크기는 C가 B의 8배이다.

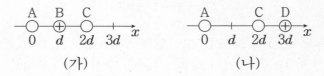

(가)　　　　　　　(나)

이에 대한 설명으로 옳은 것만을 <보기>에서 있는 대로 고른 것은?

―――― <보 기> ――――
ㄱ. 전하량의 크기는 A가 C보다 크다.
ㄴ. A는 음(−)전하이다.
ㄷ. (가)에서 B에 작용하는 전기력의 크기는 (나)에서 C에 작용하는 전기력의 크기보다 크다.

① ㄱ　② ㄴ　③ ㄱ, ㄷ　④ ㄴ, ㄷ　⑤ ㄱ, ㄴ, ㄷ

20. 그림과 같이 수평면으로부터 높이 $5h$에 위치한 물체 A와 수평면에 위치한 물체 B로 용수철 P, Q를 원래 길이에서 $\sqrt{15}\,d$, $3d$ 만큼 압축시킨 후 가만히 놓으면 두 물체는 수평면으로부터 높이 $2h$인 지점에서 서로 충돌한다. 충돌 직전 A의 속력은 B의 4배이며, 충돌 직후 A와 B의 속도는 반대 방향이며 A의 속력은 B의 2배이다. A와 B는 충돌 후 각각 용수철 P, Q를 원래 길이에서 d, $\sqrt{5}\,d$ 만큼 압축한다. A와 B는 마찰 구간에 진입한 이후부터 충돌하기 직전까지 각각 W_1, W_2 만큼 역학적 에너지가 감소하며, 충돌 이후 마찰 구간을 벗어날 때까지 각각 W_1, W_2 만큼 역학적 에너지가 감소한다. 용수철 P와 Q의 용수철 상수는 같으며, A와 B는 질량이 각각 m, $3m$이다.

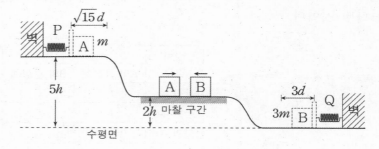

$\dfrac{W_1}{W_2}$ 는? (단, 용수철의 질량, 물체의 크기, 공기 저항, 마찰 구간 외의 모든 마찰은 무시한다.) [3점]

① $\dfrac{1}{4}$　② $\dfrac{1}{2}$　③ $\dfrac{3}{4}$　④ 1　⑤ $\dfrac{5}{4}$

―――――――――――――――――――
* 확인 사항
○ 답안지의 해당란에 필요한 내용을 정확히 기입(표기)했는지 확인 하시오.

과학탐구 영역 (물리학 I)

제 4 교시

성명 [   ] 수험 번호 [| | | | | — | | | |] 제 [ ] 선택

1. 그림은 철수가 원형의 운동장 트랙 위를 일정한 속력으로 걷고 있는 모습을 나타낸 것으로 점 A, B, C는 트랙 위의 한 점이며, 트랙 위에서 이웃한 두 점 사이의 거리는 모두 같다. 철수는 점 A에서 출발한 이후 점 B, C를 지나 다시 점 A에 도착하여 정지하였다.

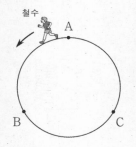

이에 대한 설명으로 옳은 것만을 <보기>에서 있는 대로 고른 것은?

<보 기>
ㄱ. 철수의 속도는 일정하다.
ㄴ. 철수가 A에서 B까지 운동했을 때와 B에서 C까지 운동했을 때의 걸린 시간은 같다.
ㄷ. 철수가 A에서 출발해 A로 다시 돌아올 때까지의 변위는 0이다.

① ㄱ   ② ㄴ   ③ ㄷ   ④ ㄱ, ㄷ   ⑤ ㄴ, ㄷ

2. 그림 (가)는 x 축과 나란하게 진행하는 파동의 0초일 때 모습을 나타낸 것이고, (나)는 (가)에서 점 P의 변위를 시간에 따라 나타낸 것이다.

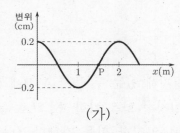
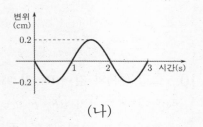

(가)   (나)

이에 대한 설명으로 옳은 것만을 <보기>에서 있는 대로 고른 것은?

<보 기>
ㄱ. 파동의 진행 방향은 $+x$이다.
ㄴ. 파동의 속력은 4m/s이다.
ㄷ. 파동의 진폭은 0.2 m이다.

① ㄱ   ② ㄴ   ③ ㄱ, ㄷ   ④ ㄴ, ㄷ   ⑤ ㄱ, ㄴ, ㄷ

3. 그림 A, B, C는 일상생활에서 찾을 수 있는 파동의 간섭 현상의 예를 나타낸 것이다.

A. 무반사 코팅을 한 렌즈   B. 비눗방울에서 선명히 보이는 색   C. 자동차 엔진 소음 제거 장치

A, B, C 중에서 파동이 간섭하여 파동의 세기가 커지는 현상을 나타내는 예만을 있는 대로 고른 것은?

① A   ② B   ③ A, B   ④ B, C   ⑤ A, B, C

4. 그림은 일정량의 이상 기체의 상태가 A→B→C→A를 따라 변할 때 압력과 부피를 나타낸 것이다. 기체는 A→B 과정에서 외부와 열을 교환하지 않고, B→C 과정에서 부피가 일정하며, C→A 과정에서 온도가 일정하다.

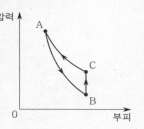

C→A 과정에서 기체가 흡수하거나 방출하는 열량의 크기를 E_1, A→B 과정과 B→C 과정에서 기체의 내부 에너지 변화량의 크기를 각각 E_2, E_3이라고 할 때, E_1, E_2, E_3의 대소 관계를 옳게 비교한 것은? [3점]

① $E_1 > E_2 > E_3$ ② $E_1 > E_3 > E_2$
③ $E_1 > E_2 = E_3$ ④ $E_1 = E_3 > E_2$
⑤ $E_3 > E_1 > E_2$

5. 그림 (가)와 같이 경사면에 물체 A, B, C가 각각 힘의 평형을 이루며 정지해 있다. (나)는 (가)에서 A와 B를 연결한 실 p만을 끊는 경우 얼마 후 A와 C의 속력과 (가)에서 B와 C를 연결한 실 q만을 끊는 경우 얼마 후 A와 C의 속력을 나타낸 표이다.

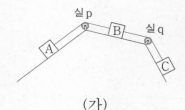

끊은 실	A의 속력	C의 속력
p	$3v$	$5v$
q	V	$3V$

(가)   (나)

B의 질량이 m일 때, A의 질량은? (단, 물체의 크기, 실의 질량, 모든 마찰과 공기 저항은 무시한다.) [3점]

① $2m$ ② $3m$ ③ $4m$ ④ $5m$ ⑤ $6m$

6. 그림과 같이 점전하 A, B, C가 같은 간격만큼 떨어져 고정되어 있다. A, B, C에 작용하는 전기력은 모두 0이다.

이에 대한 설명으로 옳은 것만을 <보기>에서 있는 대로 고른 것은? [3점]

<보 기>
ㄱ. A와 B는 같은 종류의 전하를 띤다.
ㄴ. 전하량의 크기는 A가 B의 4배이다.
ㄷ. B와 C의 위치를 서로 바꾼 후 세 점전하를 고정시켰을 때, C에 작용하는 전기력의 크기는 B에 작용하는 전기력의 크기의 4배이다.

① ㄱ   ② ㄴ   ③ ㄱ, ㄴ   ④ ㄴ, ㄷ   ⑤ ㄱ, ㄴ, ㄷ

7. 그림 (가)는 금속판 P, Q에 각각 단색광 A, B를 비추었더니 P, Q에서 모두 전자가 방출되는 모습을 나타낸 것이다. (가)에서 방출된 광전자의 수는 단색광 A, B를 금속 P에 비출 때가 단색광 A, B를 금속 Q에 비출 때보다 많다. 그림 (나)는 금속판 Q로 이루어진 검전기에 단색광 B를 비추는 모습을 나타낸 것이다. 이때 단색광 B를 비추자 벌어져 있던 금속박이 오므라들었다.

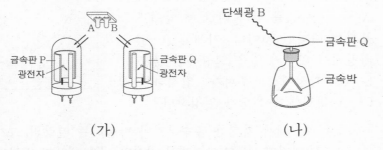

(가)　　　　　　　　(나)

이에 대한 설명으로 옳은 것만을 <보기>에서 있는 대로 고른 것은?

─────<보 기>─────
ㄱ. 금속판의 문턱 진동수는 Q에서가 P에서보다 크다.
ㄴ. 파장은 B가 A보다 짧다.
ㄷ. 검전기는 초기에 양(+)으로 대전되어 있었다.

① ㄱ　② ㄴ　③ ㄱ, ㄴ ④ ㄱ, ㄷ ⑤ ㄱ, ㄴ, ㄷ

8. 그림은 관측자 A가 보았을 때, 고유 길이가 같은 두 우주선을 타고 있는 관측자 B, C가 광속에 가까운 속력으로 등속도 운동하는 모습을 나타낸 것이다.

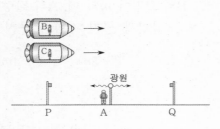

광원과 빛 검출기 P, Q는 관측자 A에 대해 정지해 있다. B가 측정했을 때, 광원에서 방출된 빛은 P, Q에 동시에 도달한다. C가 측정했을 때, 광원에서 방출된 빛은 Q에 먼저 도달한다.

이에 대한 설명으로 옳은 것만을 <보기>에서 있는 대로 고른 것은? [3점]

─────<보 기>─────
ㄱ. A가 측정했을 때, 광원으로부터 P까지의 거리는 광원으로부터 Q까지의 거리보다 짧다.
ㄴ. B가 탄 우주선의 속력은 C가 탄 우주선의 속력보다 작다.
ㄷ. C가 측정했을 때, B가 탄 우주선의 길이는 자신이 탄 우주선의 길이보다 길다.

① ㄱ　② ㄴ　③ ㄱ, ㄴ ④ ㄴ, ㄷ ⑤ ㄱ, ㄴ, ㄷ

9. 그림과 같이 두 저울 위에 자화되지 않은 물체 A, B가 각각 올려져 있다. A와 B의 연직 위에는 각각 솔레노이드 a, b가 있으며, 솔레노이드는 전압이 일정한 전원과 스위치와 연결되어 있다. 표는 스위치를 열고 닫는 것을 조절하여, 저울의 측정값이 큰 물체를 기록한 것이다. A와 B는 강자성체와 반자성체를 순서없이 나타낸 것이다. 솔레노이드와 연결된 두 전원의 전압은 같다.

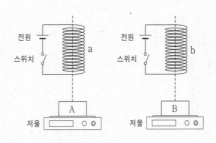

전류가 흐르는 솔레노이드	저울의 측정값이 큰 물체
a	B
b	A
a,b	A

이에 대한 설명으로 옳은 것만을 <보기>에서 있는 대로 고른 것은? (단, 연직 위에 있지 않은 솔레노이드가 물체에 작용하는 자기력은 무시한다.) [3점]

─────<보 기>─────
ㄱ. A는 반자성체이다.
ㄴ. 질량은 B가 A보다 크다.
ㄷ. 두 솔레노이드에 모두 전류가 흐를 때, 물체가 받는 자기력의 크기는 A가 B보다 크다.

① ㄱ　② ㄴ　③ ㄱ, ㄴ ④ ㄴ, ㄷ ⑤ ㄱ, ㄴ, ㄷ

10. 그림 (가)와 같이 0초일 때 정지해 있는 두 물체 A, B에 t초 동안 각각 크기가 $6F$, F_1으로 일정한 힘을 가한 후, $2t$초 동안 A, B에 각각 크기가 F_2, F_3으로 일정한 힘을 가했다. (나)는 0초부터 $3t$초까지 A, B의 운동량을 나타낸 그래프이며, $3t$초일 때 두 물체의 속력은 같다.

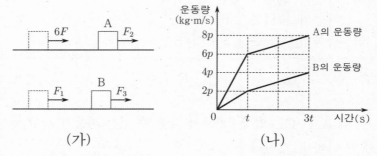

(가)　　　　　　　　(나)

이에 대한 설명으로 옳은 것만을 <보기>에서 있는 대로 고른 것은? (단, 물체의 크기, 모든 마찰과 공기 저항은 무시한다.)

─────<보 기>─────
ㄱ. $F_1 = 2F$이다.
ㄴ. $F_3 = 2F$이다.
ㄷ. 0초부터 $3t$초까지 물체가 이동한 거리는 A가 B의 $\dfrac{17}{7}$배이다.

① ㄱ　② ㄷ　③ ㄱ, ㄴ ④ ㄴ, ㄷ ⑤ ㄱ, ㄴ, ㄷ

11. 그림은 보어의 수소 원자 모형에서 양자수 n에 따른 에너지 준위의 일부와 전자의 전이 a~d를, 표는 a~d에서 흡수 또는 방출되는 광자 1개의 에너지를 나타낸 것이다.

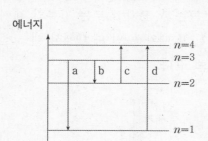

전이	흡수 또는 방출되는 광자 1개의 에너지 (eV)
a	12.10
b	㉠
c	2.55
d	12.76

이에 대한 설명으로 옳은 것만을 <보기>에서 있는 대로 고른 것은? [3점]

─── <보 기> ───
ㄱ. c에서 흡수하는 빛의 파장은 a에서 방출하는 빛의 파장보다 길다.
ㄴ. ㉠은 1.99이다.
ㄷ. c에서는 가시광선을 흡수한다.

① ㄱ　② ㄷ　③ ㄱ, ㄷ　④ ㄴ, ㄷ　⑤ ㄱ, ㄴ, ㄷ

12. 그림 (가)는 균일한 자기장 B가 지나는 영역에 원형의 금속 고리가 고정되어 있는 것을 나타낸 것이고, (나)는 시간에 따른 B의 세기를 나타낸 것이다. B의 방향은 종이면에 수직으로 들어가는 방향이다.

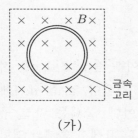
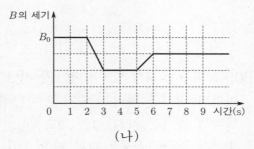

(가)　　　　(나)

이에 대한 설명으로 옳은 것만을 <보기>에서 있는 대로 고른 것은?

─── <보 기> ───
ㄱ. 4초일 때 유도 전류는 흐르지 않는다.
ㄴ. 유도 전류의 세기는 2.5초일 때가 5.5초일 때의 2배이다.
ㄷ. 6초에서 9초까지 금속 고리의 반지름을 일정한 속도로 줄이면 반시계 방향의 유도 전류가 흐른다.

① ㄱ　② ㄴ　③ ㄱ, ㄴ　④ ㄱ, ㄷ　⑤ ㄱ, ㄴ, ㄷ

13. 그림과 같이 xy평면의 원점 O와 x축 상에 위치한 점 A에서 진폭과 위상이 같은 수면파가 발생하고 있다. 두 수면파의 파장은 λ로 일정하다. O와 A는 3λ만큼 떨어져 있으며 실선은 각 수면파의 마루를 나타낸 것이다.

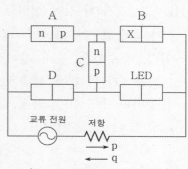

충분한 시간이 지난 후, y축에서 상쇄 간섭이 일어나는 지점의 수는? [3점]

① 3　② 4　③ 5　④ 6　⑤ 7

14. 그림은 p-n 접합 다이오드 A, B, C, D, p-n 접합 발광 다이오드(LED), 교류 전원, 저항을 이용하여 구성한 회로를 나타낸 것이다. 회로를 충분한 시간 동안 관찰했을 때, 각각의 p-n 접합 다이오드에는 전류가 흐르는 경우가 모두 있었으며, 저항에는 p 방향과 q 방향으로 전류가 흐르는 경우가 모두 있었다. LED에 빨간 빛이 들어올 때, C에는 전류가 흐른다. X는 p형 반도체와 n형 반도체 중 하나이다.

이에 대한 설명으로 옳은 것만을 <보기>에서 있는 대로 고른 것은?

─── <보 기> ───
ㄱ. X는 p형 반도체이다.
ㄴ. 회로를 충분한 시간 동안 관찰했을 때, LED에서 파란 빛이 방출될 때가 있다.
ㄷ. 회로를 관찰하는 동안 C의 p형 반도체에 있는 양공은 계속하여 p-n 접합면 쪽으로 이동한다.

① ㄱ　② ㄴ　③ ㄷ　④ ㄱ, ㄴ　⑤ ㄱ, ㄷ

15. 그림은 수평면에서 물체 A가 정지해 있는 물체 B와 C를 향해 운동하는 것을 나타낸 것이다. A, B, C의 질량은 각각 m, $3m$, $6m$이고, A의 속력은 $6v$이다. t초일 때 A와 B가 충돌한 후, $2t$초일 때 B와 C가 충돌하며, 그 이후로는 충돌이 일어나지 않는다. t초 직전과 직후의 A와 B의 운동 에너지의 합은 동일하며, $2t$초일 때와 $4t$초일 때 A와 C 사이의 거리는 각각 $3L$, $8L$이다.

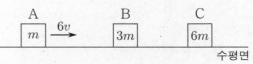

이에 대한 설명으로 옳은 것만을 <보기>에서 있는 대로 고른 것은? (단, A, B, C는 동일한 직선상에서 운동하며, 모든 마찰과 공기 저항, 물체의 크기와 물체가 충돌하는 시간은 무시한다.)

─── <보 기> ───
ㄱ. A와 B의 충돌 직후 A의 속력은 $3v$이다.
ㄴ. $L = vt$이다.
ㄷ. B가 A로부터 받은 충격량의 크기는 C로부터 받은 충격량의 크기의 $\frac{9}{8}$배이다.

① ㄱ　② ㄴ　③ ㄱ, ㄴ　④ ㄴ, ㄷ　⑤ ㄱ, ㄴ, ㄷ

16. 그림 (가)와 같이 질량이 각각 3kg, 1kg, 1kg인 물체 A, B, C가 용수철 상수가 50N/m인 용수철과 실에 연결되어 정지해 있다. 용수철은 원래 길이에서 0.1m만큼 늘어나 있다. 그림 (나)는 (가)의 C에 연결된 실이 끊어진 후, A가 경사면에서 운동하여 용수철이 원래 길이에서 0.05m만큼 늘어난 순간의 모습을 나타낸 것이다.

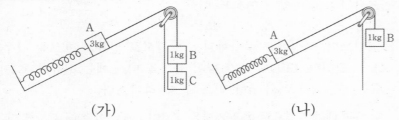

(가)   (나)

(나)에서 A의 운동 에너지를 E_k, 용수철의 탄성 퍼텐셜 에너지를 E_p라 할 때, $E_k : E_p$는? (단, 중력 가속도는 10m/s^2이고, 실과 용수철의 질량, 마찰과 공기 저항은 무시한다.)

① 17 : 4   ② 9 : 2   ③ 19 : 4   ④ 5 : 1   ⑤ 21 : 4

17. 그림은 질량이 각각 m, M, $4m$인 물체 A, B, C를 실과 도르래를 이용하여 연결한 뒤 물체 B를 점 a에 가만히 놓았더니 B가 점 b를 지나는 순간 A와 B를 연결하는 실이 끊어지는 모습을 나타낸 것이다. B가 a에서 b까지 이동하는 데 걸린 시간은 b에서 c까지 이동하는 데 걸린 시간과 같으며, B는 점 c를 지난 후부터 크기가 f로 일정한 마찰력을 받아 점 d에서 정지한다. a와 b, b와 c, c와 d 사이의 거리는 각각 $2L$, $7L$, $5L$이다.

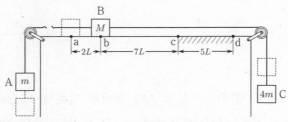

f는? (단, 중력 가속도는 g이고, 실의 질량, 제시되지 않은 구간에서의 마찰과 공기 저항은 무시한다.) [3점]

① $\dfrac{28}{3}mg$ ② $10mg$ ③ $\dfrac{32}{3}mg$ ④ $\dfrac{34}{3}mg$ ⑤ $12mg$

18. 그림과 같이 단색광이 공기에서 매질 I를 지나 매질 II로 진행하며, 단색광은 점 P에서 전반사한다. 단색광이 공기에서 I로, I에서 II로, II에서 공기로 진행할 때 입사각은 각각 $90°$, $60°$, $30°$이다.

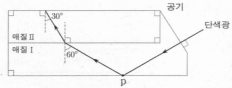

이에 대한 설명으로 옳은 것만을 <보기>에서 있는 대로 고른 것은? [3점]

─── <보 기> ───
ㄱ. 단색광이 I에서 공기로 진행할 때 입사각은 임계각보다 크다.
ㄴ. I에 대한 II의 상대 굴절률은 1보다 크다.
ㄷ. II와 공기의 경계면에 입사한 단색광은 전반사한다.

① ㄱ   ② ㄴ   ③ ㄱ, ㄴ   ④ ㄱ, ㄷ   ⑤ ㄱ, ㄴ, ㄷ

19. 그림 (가)와 같이 원점 O를 중심으로 하는 원형 도선 A, B와 무한히 긴 직선 도선 C가 xy평면에 고정되어 있다. A, B에는 화살표 방향으로 전류가 흐르고, C에는 세기와 방향이 일정한 전류가 흐르고 있다. 그림 (나)는 A, B에 흐르는 전류의 세기를 시간에 따라 나타낸 것이다. t_1일 때와 t_2일 때 O에서 세 도선에 의한 자기장의 세기는 B_0로 같다.

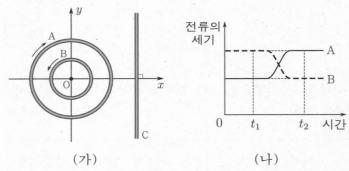

(가)   (나)

이에 대한 설명으로 옳은 것만을 <보기>에서 있는 대로 고른 것은?

─── <보 기> ───
ㄱ. t_1일 때, O에서 세 도선에 의한 자기장의 방향은 xy평면에서 수직으로 나오는 방향이다.
ㄴ. t_2일 때, O에서 A, C에 의한 자기장의 세기는 B_0보다 크다.
ㄷ. C에 흐르는 전류의 방향은 $+y$이다.

① ㄱ   ② ㄷ   ③ ㄱ, ㄴ   ④ ㄴ, ㄷ   ⑤ ㄱ, ㄴ, ㄷ

20. 그림은 물체가 빗면의 점 a를 지난 이후 점 b, c, d, e를 지나 빗면의 점 f를 지나는 순간을 나타낸 것이다. a, b, d, f에서 물체의 속력은 각각 v_0, $\sqrt{2}v$, $2v_0$, v이다. 물체는 마찰 구간 I에서 등속도 운동을 하며, 마찰 구간 I, II에서 물체의 역학적 에너지 감소량은 각각 $2E$, E이다. a, b, f의 높이는 각각 $9h$, $5h$, $5h$이며, c와 e의 높이는 같다.

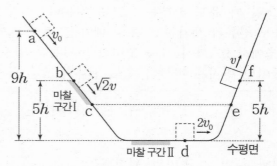

e에서 물체의 속력은? (단, 물체의 크기, 공기 저항, 마찰 구간 외의 모든 마찰은 무시한다.) [3점]

① $\sqrt{2}v_0$ ② $\dfrac{3}{2}v_0$ ③ $\dfrac{\sqrt{10}}{2}v_0$ ④ $\dfrac{\sqrt{11}}{2}v_0$ ⑤ $\sqrt{3}v_0$

---

* 확인 사항

○ 답안지의 해당란에 필요한 내용을 정확히 기입(표기)했는지 확인 하시오.

성명 [   ]   수험 번호 [| | | |] ― [| | | |]   제 〔 〕선택

1. 다음은 어떤 물질 X의 에너지띠 모형을 나타낸 것이다. A, B는 각각 원자가 띠와 전도띠 중 하나이다.

이에 대한 설명으로 옳은 것만을 <보기>에서 있는 대로 고른 것은?

A
B

높은 에너지 ↓

─────<보 기>─────
ㄱ. A는 원자가 띠이다.
ㄴ. 자유 전자 수는 A가 B보다 많다.
ㄷ. X는 기체이다.

① ㄱ   ② ㄴ   ③ ㄱ, ㄴ   ④ ㄱ, ㄷ   ⑤ ㄴ, ㄷ

2. 그림은 단색광 p가 매질 I에서 매질 II에 입사각 60°로 입사하여 매질 II에서 매질 III으로 입사각 45°, 굴절각 30°로 진행하는 모습을 나타낸 것이다.

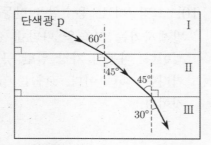

I에 대한 III의 상대 굴절률은? [3점]

① $\dfrac{\sqrt{3}}{3}$ ② $\dfrac{\sqrt{2}}{2}$ ③ $\sqrt{2}$ ④ $\sqrt{3}$ ⑤ 2

3. 그림 (가)는 색 필터 A, B, C에 단색광 X를 투과시키는 모습을 나타낸 것이다. A, B, C는 각각 빨간색 필터, 초록색 필터, 파란색 필터 중 하나로 해당하는 단색광만 통과시킨다. 금속판 a, b, c의 문턱 진동수는 같다. 그림 (나)는 광선 X의 파장을 시간에 따라 나타낸 것이다. 각각 t_a, t_b, t_c일 때 금속판 a, b, c에서 전자가 검출되었으며 $t_c > t_a > t_b$이다. t_a일 때 광선 X의 파장은 λ이다.

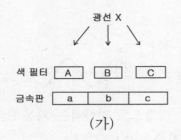 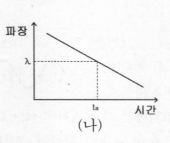

(가)   (나)

이에 대한 설명으로 옳은 것만을 <보기>에서 있는 대로 고른 것은? (단, c는 빛의 속력이다.) [3점]

─────<보 기>─────
ㄱ. 금속판의 문턱 진동수는 $\dfrac{c}{\lambda}$보다 작다.
ㄴ. B는 파란색 필터이다.
ㄷ. t_c일 때 금속판 a, b, c에서 모두 광전자가 방출된다.

① ㄱ   ② ㄴ   ③ ㄱ, ㄷ   ④ ㄴ, ㄷ   ⑤ ㄱ, ㄴ, ㄷ

4. 다음은 전자기 유도에 대한 실험이다.

[실험 과정]
(가) 그림과 같이 코일에 전구를 연결하고 N극이 위로 향하는 자석을 저울 위에 올린다.
(나) 코일을 자석의 중심축에 따라 일정한 속력으로 자석에 가까이 가져간다.
(다) 자석이 점 p을 지나는 순간 전구의 밝기를 관찰하고 저울의 눈금을 읽는다.
(라) 코일을 (나)에서보다 빠른 속력으로 자석에 가까이 가져가며 (다)를 반복한다.

[실험 결과]

전구의 밝기는	㉠
저울의 눈금은	㉡

이에 대한 설명으로 옳은 것만을 <보기>에서 있는 대로 고른 것은?

─────<보 기>─────
ㄱ. '(다)에서가 (라)에서보다 밝다.'는 ㉠으로 적절하다.
ㄴ. '(라)에서가 (다)에서보다 작다.'는 ㉡으로 적절하다.
ㄷ. (나)에서 코일에 흐르는 유도 전류가 만드는 자기장의 방향은 아래쪽이다.

① ㄱ   ② ㄷ   ③ ㄱ, ㄴ   ④ ㄴ, ㄷ   ⑤ ㄱ, ㄴ, ㄷ

5. 그림 (가), (나)는 각각 직선 위에서 운동하는 물체 A의 위치와 물체 B의 속도를 시간에 따라 나타낸 것이다. 0초부터 $\dfrac{T}{2}$초까지 A와 B의 이동 거리는 같다.

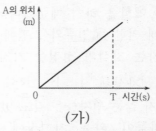 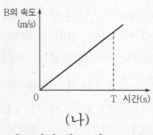

(가)   (나)

이에 대한 설명으로 옳은 것만을 <보기>에서 있는 대로 고른 것은?

─────<보 기>─────
ㄱ. $\dfrac{T}{2}$초 전까지 두 물체의 속력이 같아지는 시점은 두 번 존재한다.
ㄴ. 0초에서 T초까지, 이동 거리는 B가 A보다 길다.
ㄷ. $\dfrac{T}{2}$초일 때 B의 속력이 A의 속력보다 더 크다.

① ㄱ   ② ㄴ   ③ ㄱ, ㄷ   ④ ㄴ, ㄷ   ⑤ ㄱ, ㄴ, ㄷ

6. (가)와 (나)는 두 가지 핵반응을 나타낸 것이다. 표는 (가), (나)와 관련된 원자핵의 질량을 나타낸 것이다.

원자핵	질량
$_0^1 n$	M_1
$_1^2 H$	M_2
$_1^3 H$	M_3
$_2^3 He$	M_4
$_2^4 He$	M_5

(가) $_1^2 H + _1^3 H \rightarrow {}_2^4 He + {}_0^1 n + 17.6 \, MeV$

(나) $_1^2 H + _1^2 H \rightarrow {}_2^3 He + {}_0^1 n + 3.27 \, MeV$

이에 대한 설명으로 옳은 것만을 <보기>에서 있는 대로 고른 것은?

―――― <보 기> ――――
ㄱ. 원자력 발전소를 (가)를 이용하여 에너지를 얻는다.
ㄴ. (나)에서 질량 결손에 의해 에너지가 방출된다.
ㄷ. $M_3 + M_4 > M_2 + M_5$ 이다.

① ㄱ　② ㄴ　③ ㄱ, ㄷ　④ ㄴ, ㄷ　⑤ ㄱ, ㄴ, ㄷ

7. 그림 (가)는 스피커를, (나)는 점 A에서 출발한 P파와 S파가 구형 물체의 내부를 통과하는 모습을 나타낸 것이다.

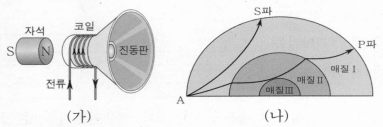

(가)　　　　　　(나)

이에 대한 설명으로 옳은 것만을 <보기>에서 있는 대로 고른 것은?

―――― <보 기> ――――
ㄱ. 소리와 P파는 모두 종파이다.
ㄴ. 스피커는 전자기 유도 법칙을 이용한 장치이다.
ㄷ. 매질 Ⅰ에서 S파의 속력은 구형 물체의 중심으로 갈수록 느려진다.

① ㄱ　② ㄴ　③ ㄱ, ㄷ　④ ㄴ, ㄷ　⑤ ㄱ, ㄴ, ㄷ

8. 다음은 물체의 자성에 대한 내용이다.

　물질마다 고유한 자성을 가지는 근본적인 까닭은 물질을 구성하는 원자가 자석과 같은 역할을 하기 때문이다. 원자 내부에서는 전자의 궤도 운동에 의한 ㉠전류와 스핀에 의해 자기장이 생성된다. 이때 원자는 자석의 성질을 가지므로 　A　라고 부른다. 특히 자성체 　B　는 외부 자기장이 없을 때 자기장을 띠지 않는 원자들을 갖고 있다가, 외부 자기장이 생기면 원자들이 외부 자기장에 반대 방향으로 자기화되는 성질이 있다.

이에 대한 설명으로 옳은 것만을 <보기>에서 있는 대로 고른 것은?

―――― <보 기> ――――
ㄱ. A는 원자 자석이다.
ㄴ. B는 강자성체이다.
ㄷ. ㉠의 방향은 전자의 운동 방향과 같다.

① ㄱ　② ㄴ　③ ㄱ, ㄷ　④ ㄴ, ㄷ　⑤ ㄱ, ㄴ, ㄷ

9. 그림 (가)는 용수철에 연결된 판에 물체를 접촉시켜 평형 위치에서 $14x$만큼 압축시킨 모습을, (나)는 (가)에서 용수철에 연결된 판에 물체를 접촉시켜 평형 위치에서 $11x$만큼 압축시킨 모습을 나타낸 것이다. (가), (나)에서 물체를 가만히 놓았을 때, 물체가 구간 A를 지나는 데 걸리는 시간은 각각 t, $2t$이다.

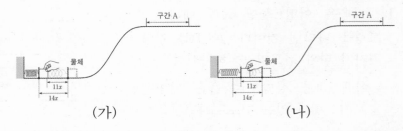

(가)　　　　　　(나)

　용수철에 연결된 판에 물체를 접촉시켜 평형 위치에서 $10x$만큼 압축시킨 후 가만히 놓았을 때, 물체가 구간 A를 지나는 데 걸리는 시간은? (단, 용수철과 판의 질량, 물체의 크기, 마찰과 공기 저항은 무시한다.) [3점]

① $3t$　② $4t$　③ $5t$　④ $6t$　⑤ $7t$

10. 그림 (가)는 용수철을 진동시켜 오른쪽으로 진행하는 종파를 발생시키는 모습을 나타낸 것이다. 점 p는 용수철 위의 한 점이다. 파동의 가장 밀한 곳에서 이웃한 가장 소한 곳까지의 거리는 25 cm이다. (나)는 p의 변위를 시간에 따라 나타낸 것이다.

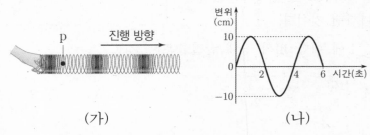

(가)　　　　　　(나)

이에 대한 설명으로 옳은 것만을 <보기>에서 있는 대로 고른 것은?

―――― <보 기> ――――
ㄱ. 파동의 진행 방향과 매질의 진동 방향은 평행하다.
ㄴ. 1초부터 3초까지, p의 평균 속도의 크기는 10 cm/s 이다.
ㄷ. 0초부터 4초까지, p의 평균 속력은 파동의 속력보다 크다.

① ㄱ　② ㄷ　③ ㄱ, ㄴ　④ ㄴ, ㄷ　⑤ ㄱ, ㄴ, ㄷ

11. 그림은 v의 속력으로 $+x$ 방향으로

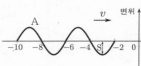 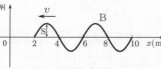

진행하는 파동 A와 속력 v로 $-x$ 방향으로 진행하는 파동 B의 모습을 나타낸 것이다. A, B의 진폭은 S로 같다.

　이 순간부터 $x = -2$와 $x = 2$ 사이에서 두 파동의 합성파의 모습으로 가능한 것만을 ㄱ~ㄷ 중 있는 대로 고른 것은? [3점]

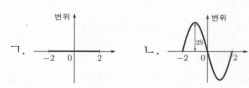 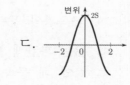

① ㄱ　② ㄷ　③ ㄱ, ㄴ　④ ㄴ, ㄷ　⑤ ㄱ, ㄴ, ㄷ

12. 다음은 p-n 접합 발광 다이오드(LED)의 특성을 알아보는 실험이다.

[실험 과정]
(가) 그림과 같이 발광
다이오드 A, B, C, D와
스위치 a, b를 이용해
회로를 구성한다.

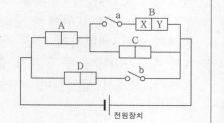

(나) 스위치 a를 닫고 불이
켜지는 LED의
개수를 관찰한다.
(다) 스위치 a를 열고, 스위치 b를 닫은 후 불이 켜지는
LED의 개수를 관찰한다.
(라) 과정 (가)에서 A와 C, B와 D의 위치를 각각 바꾸고,
스위치 a와 b를 모두 닫아 불이 켜지는 LED의 개수를
관찰한다.

[실험 결과]

과정	(나)	(다)	(라)
불이 켜지는 LED의 개수	2	1	㉠

이에 대한 설명으로 옳은 것만을 <보기>에서 있는 대로 고른
것은? [3점]

── <보 기> ──
ㄱ. X는 n형 반도체이다.
ㄴ. ㉠은 3이다.
ㄷ. 과정 (라)에서 전원 장치의 극을 바꾸고, 스위치 a를 연
　후 스위치 b를 닫으면 불이 켜지는 LED의 개수는 1이다.

① ㄱ　② ㄴ　③ ㄱ, ㄷ　④ ㄴ, ㄷ　⑤ ㄱ, ㄴ, ㄷ

13. 그림 (가)는 점전하 A, B, C, D를 x축상에 고정시킨 것으로
A와 D는 전하량의 크기가 같고, B에 작용하는 전기력은 0이다.
그림 (나)는 (가)에서 D를 떼어내고 A와 C의 위치를 바꾸어
고정시킨 것이다. (가)에서 D와 (나)에서 B에는 크기와 방향이
같은 전기력이 $-x$방향으로 작용한다.

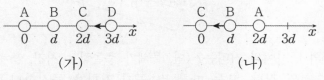

(가)　　　　　　　　　　(나)

이에 대한 설명으로 옳은 것만을 <보기>에서 있는 대로 고른 것은?

── <보 기> ──
ㄱ. B와 D는 같은 종류의 전하이다.
ㄴ. 전하량의 크기는 C가 A보다 크다.
ㄷ. (나)에서 A에 작용하는 전기력의 방향은 $-x$방향이다.

① ㄱ　② ㄷ　③ ㄱ, ㄴ　④ ㄴ, ㄷ　⑤ ㄱ, ㄴ, ㄷ

14. 그림과 같이 무한히 긴 직선
도선 A, B가 종이면에 수직으로
고정되어 있다. 점 p, q, r은

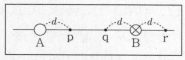

종이면에서 A, B를 잇는 직선상의 점이다. A, B에는 일정한
세기의 전류가 흐르며 B에 흐르는 전류의 방향은 종이면에
수직으로 들어가는 방향이다. p에서 A, B에 의한 자기장의
세기는 0이다.

이에 대한 설명으로 옳은 것만을 <보기>에서 있는 대로 고른 것은?

── <보 기> ──
ㄱ. A에 흐르는 전류의 방향은 종이면에 수직으로 나오는
　방향이다.
ㄴ. 도선에 흐르는 전류의 세기는 A가 B보다 크다.
ㄷ. A, B에 의한 자기장의 세기는 r에서가 q에서보다 크다.

① ㄱ　② ㄷ　③ ㄱ, ㄴ　④ ㄴ, ㄷ　⑤ ㄱ, ㄴ, ㄷ

15. 그림은 열효율이 0.2인 열기관에서 일정량의 이상 기체가
상태 A→B→C→D→A를 따라 변할 때 기체의 압력과 부피를
나타낸 것이다. A→B는 압력이 일정한 과정, B→C는 온도가
일정한 과정, C→D는 부피가 일정한 과정, D→A는 온도가
일정한 과정이다. 표는 일부 과정에서 기체가 흡수한 열량 또는
방출한 열량을 나타낸 것이다. 기체가 외부에 한 일은 A→B
과정에서가 B→C 과정에서의 $\frac{6}{5}$ 배이다.

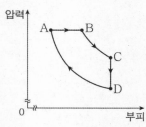

과정	기체가 흡수한 열량 또는 방출한 열량(J)
C→D	360
D→A	280

기체가 A→B 과정에서 외부에 한 일은? [3점]

① 180 J　② 200 J　③ 220 J　④ 240 J　⑤ 260 J

16. 그림과 같이 직선 도로에서 기준선 P, T에 정지해 있던
자동차 A, B가 동시에 출발하여 기준선 R를 동시에 지난다. A는
P에서 Q까지 등가속도 운동을, Q에서 R까지 등속도 운동을
한다. B는 T에서 S까지 등가속도 운동을, S에서 R까지 등속도
운동을 한다. A가 P에서 Q까지, B가 T에서 S까지 이동하는 데
걸린 시간은 각각 $3t$, $2t$이다. P와 Q 사이, S와 T 사이의 거리는
각각 $5L_1$, $2L_1$이며, Q와 R 사이, R과 S 사이의 거리는 L_2로
같다.

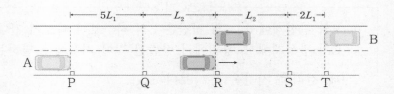

A가 P에서 R까지 이동하는 데 걸린 시간은? [3점]

① $4t$　② $\frac{9}{2}t$　③ $5t$　④ $\frac{11}{2}t$　⑤ $6t$

17. 그림 (가)는 물체 A, B, C를 실 p, q로 연결한 다음 A에 연직 방향으로 일정한 힘 F를 작용했을 때 세 물체가 정지해 있는 모습을 나타낸 것이다. 그림 (나)는 A를 놓은 순간부터 물체가 운동하여 C가 지면에 닿은 후, B와 C가 충돌하기 전까지의 A의 속력을 나타낸 그래프이다. A와 B의 질량은 각각 $2m$, m이다.

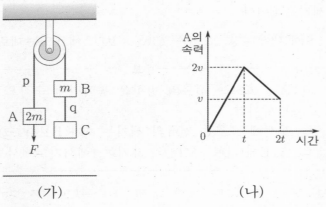

(가)   (나)

이에 대한 설명으로 옳은 것만을 <보기>에서 있는 대로 고른 것은? (단, 중력 가속도는 g이고, 실의 질량, 마찰과 공기 저항은 무시한다.)

───── <보 기> ─────
ㄱ. C의 질량은 $3m$이다.
ㄴ. $F = 2mg$이다.
ㄷ. p의 장력은 $0.5t$일 때가 $1.5t$일 때의 2배보다 크다.

① ㄱ   ② ㄷ   ③ ㄱ, ㄴ   ④ ㄴ, ㄷ   ⑤ ㄱ, ㄴ, ㄷ

18. 그림은 관찰자 A에 대해 관찰자 B, C가 탄 우주선이 각각 서로 반대 방향으로 광속에 가까운 속력으로 등속도 운동하는 것을 나타낸 것이다. A의 관성계에서, B, C가 탄 우주선의 운동 방향은 정지한 거울과 정지한 광원을 잇는 직선과 나란하고, 두 우주선의 길이는 L로 같다. 거울을 향해 광원에서 방출된 빛이 광원과 거울 사이를 왕복하는 데 걸리는 시간은 A, B, C의 관성계에서 각각 t_A, t_B, t_C이고, $t_B > t_C$이다.

이에 대한 설명으로 옳은 것만을 <보기>에서 있는 대로 고른 것은? [3점]

───── <보 기> ─────
ㄱ. B의 관성계에서, A의 시간은 C의 시간보다 빠르게 간다.
ㄴ. C의 관성계에서, 광원에서 방출된 빛이 거울에 도달하는 데 걸리는 시간은 $\frac{1}{2}t_A$보다 크다.
ㄷ. B의 관성계에서 측정한 C가 탄 우주선의 길이는 C의 관성계에서 측정한 B가 탄 우주선의 길이보다 작다.

① ㄱ   ② ㄴ   ③ ㄱ, ㄷ   ④ ㄴ, ㄷ   ⑤ ㄱ, ㄴ, ㄷ

19. 그림은 기울기가 같은 두 경사면 위에 질량이 2kg으로 같은 두 물체 A, B를 각각 점 P, Q에 가만히 놓은 모습을 나타낸 것이다. A, B는 길이가 80m인 수평면에서 5N으로 일정한 마찰력을 받는다. 두 물체를 가만히 놓은 순간으로부터 8초 후 두 물체가 수평면 위에서 충돌을 하였으며, 충돌 전과 후 두 물체의 운동 에너지의 합은 같다. 두 물체가 충돌하기 직전에 A의 속도는 0이며, 두 물체가 충돌한 순간으로부터 4초 후 물체 A는 점 R에서 정지한다. 수평면으로부터의 높이는 Q가 P의 4배이다.

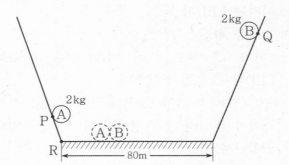

A를 가만히 놓았을 때부터 점 R을 지날 때까지 걸린 시간이 t초일 때, t는? (단, 중력 가속도는 $10\,\text{m/s}^2$이고, 물체의 크기, 물체가 충돌하는 동안 마찰력에 의한 충격량, 수평면에서의 마찰력 외의 다른 마찰력과 공기 저항은 무시한다.) [3점]

① 1   ② $\frac{3}{2}$ ③ 2   ④ $\frac{5}{2}$ ⑤ 3

20. 그림 (가)는 물체 A로 용수철을 원래 길이에서 $3s$만큼 압축시켜 점 a에서 가만히 놓은 순간 물체 B가 점 d를 속력 v로 지나는 모습으로, A와 B는 점 c에서 충돌 후 그림 (나)와 같이 A는 용수철을 s만큼 압축시키며 점 b에서 정지하며 B는 점 e를 속력 $2v$로 지난다. 충돌 직전 운동량의 크기는 A가 B의 2배이며, 충돌 직후 운동량의 크기는 B가 A의 3배이다. A와 B의 질량은 각각 $3m$, $2m$이며, a와 c, c와 d, d와 e 사이의 거리는 각각 $2L$, L, L이다.

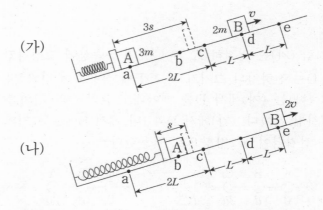

(가)

(나)

a와 b 사이의 거리는? (단, 물체가 충돌하는 시간, 물체의 크기, 용수철의 질량, 모든 마찰 및 공기 저항은 무시한다.) [3점]

① $\frac{124}{81}L$ ② $\frac{128}{81}L$ ③ $\frac{44}{27}L$ ④ $\frac{136}{81}L$ ⑤ $\frac{140}{81}L$

───────────
* 확인 사항
○ 답안지의 해당란에 필요한 내용을 정확히 기입(표기)했는지 확인 하시오.

수능 물리학1

GRAVITY

Team GRAVITY

콘텐츠 제작진

[집필 및 검토]
황동하
-서울대학교 전기·정보공학부 재학

이정빈
-서울대학교 의학과 재학

김연재
-서울대학교 컴퓨터공학부 재학

구교영
-전북대학교 의예과 재학
-상산고 졸업

[문항 연구]
도연수
고정빈
이동혁
이하준(서울대학교 전기·정보공학부)
김정재
박진솔(서울대학교 전기·정보공학부)

[검토]
최민석(성균관대학교 의예과)
김지훈(한림대학교 의예과)
박준상(서울대학교 전기·정보공학부)
김채빈(고려대 전기전자공학부)
이지석(대구가톨릭대 의예과)

콘텐츠 제작진으로부터의 인사

황동하, 서울대 전기정보공학부

안녕하세요, 이번 모의고사 제작에 참여한 황동하입니다. 수능 문제들은 하나하나 떼놓고 보면 생각보다 어렵지 않습니다. 하지만 시험장에서는 '그렇게 어렵지는 않은 문제' 20개를 연속으로 풀어야 하다 보니 시간 안배를 잘못하기도 하고, 시간이 가는 줄 알면서도 "1분만 더 풀면 답이 나올 것 같은데" 하는 생각으로 한 문제에 시간을 계속 쓰다가 4교시가 끝나 버립니다. 거기에다 문제를 무조건 맞춰야 한다는 부담감은 덤이고요. 이번 모의고사는 낱개로 분해해서 풀어도 어려운 문제들을 모아 놓은 것입니다. 수능 시험장에서 날아다니기 위해 지금 모래주머니를 찬다는 느낌으로 이 모의고사를 대해 보세요. 그럼 모의고사를 구매해 주신 여러분 모두 파이팅!

이정빈, 서울대학교 의학과

안녕하세요, 수험생 여러분! 비록 일러스트라는 작은 역할을 맡고 있지만, 여러분들의 수험 생활에 조금이나마 도움 드릴 수 있게 되어 기쁩니다. 제가 디자인 전공자는 아니지만, 물리 Ⅰ을 공부했던 경험과 모의고사를 제작했던 경험을 살려서 최대한 수능과 비슷한 그림을 제작하고자 노력했습니다. 여러분들이 그림을 보고 문제를 푸는 데 불편함이 없었으면 좋겠습니다. 수험 생활을 견디는 것이 많이 힘드시겠지만, 끝까지 잘 해내셔서 모두들 각자의 목표를 이루시길 희망합니다.

김연재, 서울대학교 컴퓨터공학부

안녕하세요, 수험생 여러분. 코로나로 인해 제대로 된 학습 환경에서 공부를 못하는 것이 참 안타깝네요... 그래도 자기 자신을 믿고 열심히 공부하신다면 좋은 결과를 볼 수 있을 것입니다. 그리고 제 생각만인지는 모르겠지만 저는 수능에서 자기의 온전한 실력을 발휘하기 위해서는 정신력을 훈련하거나 시험장에서 막힐 수많은 경우를 미리 생각하고 이를 방어해내는 것 또한 중요하다고 생각합니다. (예를 들어, 저는 30초 정도 생각하고 푸는 방법이 생각이 나지 않는다면 바로 넘어갔습니다) 저희 모의고사뿐만 아니라 다른 모의고사들도 이렇게 이용한다면 좋은 결과를 받을 수 있을 것입니다. 응원합니다.

구교영, 전북대학교 의예과

안녕하세요 수험생 여러분. 본 모의고사는 결코 쉽다고는 할 수 없는 문제들로 구성되어 있습니다. 하지만 어려운 문제들을 접하며 끊임없이 고민해보고 분석하는 과정이야말로 물리학Ⅰ 만점에 도달할 수 있는 유일한 길이라고 생각합니다. 또한 실전보다 높은 난이도의 모의고사를 30분 안에 푸는 걸 연습하면서 실전에서 시간 안배를 하는 것 역시 중요합니다. 본 모의고사는 이러한 점들을 고려해 실제 수능 현장에서 물리학을 응시했던 집필진들의 노하우를 담았습니다. 힘든 수험생활이겠지만 물리학을 마스터하기 위해 끝까지 나아가시길 바랍니다. 저희 집필진도 항상 여러분을 응원하겠습니다.

WARNING

1. 반드시 시험지의 내용 또는 해설이 틀릴 수 있음을 인지해 주세요.

    사람이 만드는 것이다 보니 실수가 있을 수 밖에 없습니다. 수능은 학생이 얼마나 심도 있게 아는지를 시험하는 서술형 시험이 아닙니다. 그래서 1문제 1문제가 중요한데, 혹시나 잘못된 내용을 기억하지 않도록, 본인이 생각하는 내용과 다른 부분이 있을 때는 교과서나 EBS를 찾아봐주세요.

2. 특히 답지에 제시된 공식과 같은 부분은 순간적인 오타나 계산 실수가 있을 수 있기 때문에, 반드시 수능 전에 테스트해보세요.

정오표 및 오류 신고

문제 풀기 전 반드시 정오표 반영해주시기 바랍니다.

정오표는 아래 두 가지 방법으로 확인 가능하며, 카페를 통해서가 더욱 최신 정오표를 빠르게 확인할 수 있습니다. 오류가 의심될 경우 카페를 이용해서 내용을 설명해주시면, 저희가 확인해보고 정오표에 반영하도록 하겠습니다.

1. GRAVITY 모의고사 정오표 게시용 카페

    https://cafe.naver.com/gravityphysics

2. 오르비 아톰 사이트

출처 표시

해설지에 # 표시를 이용하여 해당하는 문제와 관련된 내용의 출처를 표시해두었습니다.

#교과서 - 교과서에 있는 내용을 요약하여 제시해두었다.

(그대로 글자를 ctrl v한것이 아니기 때문에, 혹시나 잘못될 확률도 없지 않습니다.)

#EBS - EBS에 있는 내용을 요약하여 제시해두었다.

(그대로 글자를 ctrl v한것이 아니기 때문에, 혹시나 잘못될 확률도 없지 않습니다.)

이외의 #표시는 출처가 된 책 또는 웹 사이트의 이름을 그대로 적어 두었습니다.

GRAVITY 1회

해설

1. 정답: ③ ㄱ, ㄷ

ㄱ. 그네는 속력과 운동 방향이 변하는 운동을 한다.

ㄴ. 회전 관람차는 속력은 일정하고 운동 방향이 변하는 운동을 한다.

ㄷ. 공에 작용하는 중력과 물체의 운동 방향은 연직 아래 방향으로 같다.

2. 정답: ② ㄷ

ㄱ. A에서 B로 갈수록 파장의 길이는 길어진다.

ㄴ. 진공에서 전자기파의 속력은 파장과 관계없이 c로 일정하다.

ㄷ. 야간 투시경에 사용되는 전자기파는 적외선이다. 위성통신에 사용되는 전자기파는 라디오파이다. 파장은 라디오파가 더 길므로 진동수는 적외선이 더 크다.

3. 정답: ③ A, C

B.렌즈는 빛의 전반사가 아닌 빛의 굴절을 활용한 기구다.

Lecture <생활 속 전반사의 이용> #EBS

쌍안경: 프리즘 내부에서 전반사를 이용하여 빛의 진행 경로를 바꾸고, 렌즈를 이용해 먼 곳의 물체를 확대하여 볼 수 있다.

내시경: 쉽게 휘어지도록 가늘게 만든 광섬유 다발을 활용한 소형 카메라를 이용해 인체 내부 장기의 모습을 살펴볼 수 있다.

다이아몬드: 거의 모든 방향의 입사 광선을 전반사시키고, 다이아몬드 내부에서 여러 번 전반사되기 때문에 무지갯빛 광채를 낸다.

자연 채광: 태양을 추적하는 집광기로부터 모은 빛을 광섬유를 묶어서 만든 광케이블을 이용해 지하로 이동시켜 어두운 지하를 밝게 한다.

4. 정답: ⑤ ㄱ, ㄴ, ㄷ

ㄱ. 전동기는 전기 에너지를 운동 에너지로 전환한다.

ㄴ. 자기 공명 영상 장치(MRI)는 코일에 전류가 흐를 때 생기는 강한 자기장을 이용하여 인체 내부의 영상을 얻는다(EBS).

ㄷ. 전동기의 코일의 감은 수가 많을수록 코일이 받는 자기력의 크기는 커진다.

Lecture <전동기의 원리> #EBS

전동기는 **전류의 자기 작용**을 이용하여 회전 운동을 하는 장치이다.

Point1

자석 사이에 있는 코일에 전류가 흐르면

=> 코일이 회전을 한다.

(by. 자석과 코일 사이에 작용하는 자기력)

Point2

코일은 계속 한 방향으로 회전한다.

(by. 코일의 면이 자기장에 수직이 되는 순간 정류자에 의하여 전류의 극이 바뀐다.)

Lecture <전류에 의한 자기장의 이용> #EBS

전류에 의한 자기장을 이용하는 대표적인 예들은 다음과 같다.

전자석 거중기, 스피커, 자기 부상 열차, 전동기, MRI(인체 내부의 영상을 얻을 때), 하드디스크(정보 기록할 때), 토카막(플라즈마를 가둘 때)

위 예시는 반드시 암기해 두자.

Warning. 하드디스크에서 정보를 읽을 때는 같은 하드디스크는 맞지만, 전류에 의한 자기장의 유도가 아니니, 너무 무작정 외우지는 말고 대략적인 원리는 이해해 두자.

5. 정답: ③ ㄱ, ㄷ

물체 A, B의 질량을 각각 m_A, m_B, 용수철 상수를 k, (가)에서 A가 B에 작용하는 힘의 크기는 N_0라 하자. (가)에서 A가 힘의 평형을 이루므로 $N_0 = m_A g$ ··· (1)이고, B가 힘의 평형을 이루므로 $2kx_0 = N_0 + m_A g$ ··· (2)이다. (나)에서 A가 힘의 평형을 이루므로 $3kx_0 = N_0 + m_A g$ ··· (3)이고, B가 힘의 평형을 이루므로 $N_0 = F + m_B g$ ··· (4)이다. 식 (1), (3)를 연립하면, $m_A g = N_0$, $kx_0 = \frac{2}{3} N_0$이다.

이를 식 (2)에 대입하면 $m_B g = \frac{1}{3} N_0$이다. 또한 식 (4)에 앞에서 나온 값들을 대입하면 $F = \frac{2}{3} N_0$이다. 힘들을 전부 N_0에 대해 나타내었는데 선지에서 F의 형태로 물어보고 있으므로, 힘들을 F에 대해 바꾸어주면 $m_A g = \frac{3}{2} F$, $m_B g = \frac{1}{2} F$이다.

ㄱ. A가 힘의 평형을 이루며 정지하여 있으므로, B가 A에 작용하는 힘과 A에 작용하는 중력은 힘의 평형 관계이다.

ㄴ. (가)에서 용수철이 B에 작용하는 힘의 크기는 $2kx_0 = \frac{4}{3} N_0 = 2F$이다.

ㄷ. (나)에서 A가 B에 작용하는 힘의 크기는 $N_0 = \frac{3}{2} F$이다.

6. 정답: ① ㄱ

ㄱ. <렌츠 법칙>에 의하여 과정 (나)에서 유도되는 자기장은 N극이 가까지므로 위가 N극, 아래가 S극이다. 또한 과정 (라)에서 유도되는 자기장은 S극이 멀어지므로 위가 N극, 아래가 S극이다. 유도되는 자기장의 방향이 같으므로 (나)-(다)와 (라)의 전류의 방향이 같고 따라서 LED가 켜진다.

ㄴ. 스피커는 전류에 의한 자기장(앙페르 법칙)을 이용한다. 전자기 유도를 이용하는 것은 마이크이다.

ㄷ. LED는 일정한 띠 간격의 에너지 차이로 빛 에너지를 방출한다. 이때 LED의 띠 간격은 일정하므로 방출하는 빛 에너지의 세기도 같아 색이 변하지 않는다.

7. 정답: ② ㄷ

ㄱ. a, b에 연결했을 때 모두 불이 켜졌으므로 두 경우 모두 전류가 흘러야한다. 이를 통해, X는 n형 반도체, Y도 n형 반도체, Z는 p형 반도체임을 알 수 있다.(b에 연결했을 때는 C, D를 통해 흘러야 하며, a에 연결했을 때는 A, B를 통해 흘러야 한다.) X는 n형반도체이므로 순수반도체가 아니라 불순물반도체이다.

ㄴ. 스위치를 a에 연결했을 때, D를 통해서는 전류가 흐르지 않는다. 따라서 Z에 있는 양공은 p-n접합면에서 멀어지는 쪽으로 이동한다.

ㄷ.Y는 n형 반도체인데, n형 반도체는 전자가 전도띠 바로 아래에 새로운 에너지띠를 형성한 반도체이다.

8. 정답: ① ㄱ

ㄱ. 같은 시간 t 동안 F 로 일정한 힘을 받았다는 것은 충격량, 즉 운동량 변화량이 Ft이다. 초기 상태에 정지했으므로 같은 시간 t 동안 변화한 운동량의 크기가 같아 A와 B의 물질파 파장 또한 같게 된다.

ㄴ. 그래프에서 A, C의 운동 에너지가 같다고 가정하면, C가 A보다 더 많은 시간 동안 힘을 받게 된다. 더 많은 시간 동안 힘을 받게 되면 변화한 운동량의 크기가 더 커지므로 운동량은 C가 A보다 커 물질파 파장은 C가 A보다 짧아진다.

ㄷ. 물질파 파장이 같다는 것은 운동량이 같다는 것을 의미하고 속력을 비교하므로 B와 C의 질량을 비교하면 된다. 또한, 일정한 힘이 같은 시간 동안 가해졌을 때 운동 에너지는 B가 C보다 더 크다. 시간에 따른 운동 에너지를 수식으로 정리하면 가속도 a 는 $\frac{F}{m}$이고 시간 t에 따른 속력 v 는 $\frac{F}{m}$t 이다. 따라서 운동 에너지는 $\frac{1}{2}m(\frac{F}{m}t)^2 = \frac{F^2}{2m}t^2$ 로 정리된다. 시간이 일정할 때 (F는 문제 조건에 의해 일정) 운동 에너지는 질량에 반비례하므로, 질량은 C보다 B가 크다. 따라서 운동량이 같으면 속력은 B가 C보다 커야한다.

9. 정답: ③ ㄱ, ㄴ

ㄱ. X는 삼중수소($^3_1$H) 원자핵이다.

ㄴ. 핵융합 반응은 질량결손에 의해 에너지가 발생한다.

ㄷ. 원자력 발전소에서의 에너지는 주로 핵분열 반응을 이용하여 생성된다.

10. 정답: ② ㄷ

ㄱ. 그림 (가)에서 단색광의 입사각보다 굴절각의 크기가 더 작고, 이를 통해 매질Ⅱ가 매질Ⅰ보다 굴절률 이 더 크다는 것을 알 수 있다. 따라서 굴절률은 매질Ⅰ이 매질Ⅱ보다 작다. (거짓)

ㄴ. 단색광 X가 진행하는 동안 X의 진동수는 매질에 따라 변하지 않고 일정하다. (거짓)

ㄷ. 매질Ⅱ에 대한 매질Ⅲ의 상대 굴절률을 구하기 위해서는 매질Ⅰ에 대한 각각의 상대굴절률을 알아야한다. $\frac{\sin\theta_Ⅱ}{\sin\theta_Ⅰ}=\frac{n_Ⅰ}{n_Ⅱ}$이고, $\frac{\sin\theta_Ⅰ}{\sin\theta_Ⅲ}=\frac{n_Ⅲ}{n_Ⅰ}$이므로 매질Ⅱ에 대한 매질Ⅲ의 상대 굴절률($\frac{n_Ⅲ}{n_Ⅱ}$)은

$\frac{\sin30°}{\sin40°}\times\frac{\sin40°}{\sin60°}=\frac{\sin30°}{\sin60°}=\frac{\sqrt{3}}{3}$이다.

11. 정답: ② ㄷ

ㄱ. 합했을 때 같은 에너지 준위 차를 가지고 있더라도 파장은 그 역수끼리 합해야 한다. 그리고 만약 문제 가 파장의 합이 아닌 진동수의 합으로 주어졌더라도 a에서 흡수하는 빛의 진동수는 전자가 n=1에서 n=3으로 전이할 때 흡수하는 빛의 진동수이고, c와 d에서 방출하는 빛의 진동수의 합은 전자가 n=4에 서 n=1로 전이할 때 방출하는 빛의 진동수이기 때문에 진동수의 합 역시 다르다.

ㄴ. b에서 흡수되는 빛의 선 스펙트럼은 발머 계열에 해당한다.

ㄷ. $E_2-E_1 : E_4-E_2 = (\frac{1}{1^2}-\frac{1}{2^2}):(\frac{1}{2^2}-\frac{1}{4^2})$이므로 c에서 방출되는 광자의 진동수가 더 크다.(에너지는 진동수에 비례한다.)

12. 정답: ② ㄴ

ㄱ. 0.5초일 때, A의 속도를 $+v$ m/s 이라 한다면, B의 속도는 $+(v+0.2)$ m/s 이다. 이때 B가 벽과 충돌 한 후 A에 대한 B의 상대 속도는 -0.6 m/s 이므로,

$\qquad -(v+0.2)-v = -0.6$

$\qquad 2v+0.2 = 0.6$

$\qquad v = 0.2$

이다. 따라서 0.5초일 때, A의 속력은 0.2 m/s 이다.

ㄴ. 1.5초일 때, B의 속력은 0.4 m/s 이므로 B의 운동량의 크기는 0.8 kg·m/s 이다.

ㄷ. 그림 (나)를 통해 A와 B는 2초에 충돌한다는 것을 알 수 있다. 이때 A, B의 운동량의 총합은 보존되므 로 2초 후의 A, B의 속도를 v_A, v_B 라 한다면

$\qquad 1\times0.2-2\times0.4 = 1\times v_A + 2\times v_B$

$\qquad v_A + 2v_B = -0.6$

이고, 또한 $v_{AB} = v_B - v_A = 0.3$ 이므로 이를 정리하면

$\qquad v_A = -0.4, \ v_B = -0.1$

이다. 즉, 2.5초일 때 A의 운동량은 -0.4 kg·m/s, B의 운동량은 -0.2 kg·m/s이므로 A와 B의 운동 량의 크기는 같지 않다.

13. 정답: ① 2

설명의 편의를 위해 B가 A를 미는 힘, C가 B를 미는 힘, D가 C를 미는 힘의 크기를 각각 F_1, F_2, F_3 라고 하자. 네 개의 물체는 같은 가속도로 움직인다. 이를 통해 각 물체들에 가해지는 알짜힘은 물체의 질량에

비례한다. 각각의 물체에 가해지는 힘에 대한 식을 세우고 조건을 이용해서 풀어도 되지만 그런 풀이는 스스로 해보는 연습이 필요하다 생각하고 조금 더 간결한 풀이를 하겠다.

첫 번째 조건 $F_3 = 4F_1$을 이용해보자. F_3는 A, B, C를 밀어주는 힘이며, F_1는 A를 밀어주는 힘이다. 이 힘의 비가 4:1이기 때문에 물체의 질량의 비는 4:1이다. 즉, A의 질량을 1이라 했을 때, B와 C의 질량의 합은 3이다.

두 번째 조건 $F = 4F_2$을 이용해보자. F_2는 A, B를 밀어주는 힘이며, F는 모든 물체를 밀어주는 힘이다. 이 힘의 비는 1:4이기 때문에 물체들의 질량의 합의 비가 1:4임을 알 수 있다. 이를 통해, (A의 질량+B의 질량):(A의 질량+B의 질량+C의 질량+D의 질량)이 1:4임을 알 수 있다. A의 질량은 1이며, B+C의 질량은 3, D의 질량은 8이므로 A+B의 질량은 3임을 알 수 있다. 즉, B의 질량은 2이며, C의 질량은 1임을 알 수 있다.

별해. 먼저 A와 D 각각에 작용하는 알짜힘을 구하면, F_1, $F-4F_1$이다. D의 질량이 A의 질량의 8배이므로, 알짜힘또한 8배이다. 따라서 $F-4F_1 = 8F_1$와 같은 식을 세울 수 있다. 이를 정리하면 $F = 12F_1$이다. A의 질량을 1이라고 했을 때, 받는 알짜힘이 F_1이였으므로, B와 C가 받는 알짜힘을 구하면 B와 C의 질량 또한 구할 수 있다. B의 알짜힘은 $\frac{1}{4}F-F_1$이고 이는 $2F_1$이다. 따라서 B의 질량은 2임을 알 수 있다. 같은 방법으로 C의 알짜힘을 구하여 계산하면 질량이 1임을 알 수 있다.

14. 정답: ⑤ 1.8kg·m/s

평균 힘에 시간을 곱하면 충격량이다. 그리고 0.2~0.4초 동안 공이 받은 충격량은 0.1~0.2초 동안 공이 받은 충격량의 4배다(시간과 힘이 모두 2배이기 때문이다). 그러므로 0.1~0.2초, 0.2~0.4초 동안 공이 받은 충격량을 각각 I, $4I$라고 하면 0.1~0.4초 동안 공이 받은 충격량은 $5I = \Delta p = -1$kg·m/s이다. 즉 $I = -0.2$kg·m/s이므로 0.2초일 때 공의 운동량의 크기는 2kg·m·s - 0.2kg·m/s = 1.8kg·m/s이다.

15. 정답: ④ ㄱ,ㄷ

먼저, 그래프로부터 A→B가 압력이 일정한 과정, B→C가 부피가 일정한 과정, C→D가 온도가 일정한 과정임을 알 수 있다.

ㄱ. B→C의 과정에서 기체의 부피는 변하지 않는다. 이는 기체가 일을 하지 않는 것이기 때문에 기체가 하는 일은 0J이다.

ㄴ. D→A 과정에서 방출하거나 흡수하는 열량이 0이라고 문제에서 주어졌다. 이때 기체의 부피는 감소하므로 일을 받는다고 할 수 있다. 열역학 제 1법칙 $Q = \triangle U + W$에서 $Q = 0$J, $W < 0$이므로 $U > 0$임을 알 수 있다. 즉, D에서보다 A일 때 기체의 온도가 더 높다는 것을 알 수 있다. C→D과정은 온도가 일정하기 때문에 C, D일 때 온도는 동일할 것이므로 ㄴ은 틀린 것을 알 수 있다.

ㄷ. 열기관이 한번 순환하는 동안 흡수하는 열량과 방출하는 열량을 안다면 열기관의 열효율을 구할 수 있다. A→B일 때, 열기관은 200J의 열을 흡수하며, C→D에서는 160J의 열을 방출한다고 주어졌다. D→A에서는 열출입이 없으므로 B→C 과정에서 열출입이 없다면 열기관의 열효율은 $(1 - \frac{160}{200}) = 0.2$일 것이다. 열역학 제 1법칙을 통해 B→C 과정에서 열출입이 있는 지를 살펴보자. $Q = \triangle U + W$에서 $W = 0$이다. 그리고 이때 부피가 일정한 상태로 압력이 감소하므로 온도가 감소함을 알 수 있다. $\triangle U < 0$이기 때문에 $Q < 0$ 따라서 B→C과정에서 열이 방출됨을 알 수 있으므로 열기관의 열효율은 0.2보다 작다는 것을 알 수 있다.

16. 정답: ④ 2

파동 P, Q의 진동수 $f = 0.125$Hz를 계산의 편의를 위해 분수 형태로 바꾸어주면 $\frac{1}{8}$Hz이다. 그림을 통해 P, Q의 파장이 $\lambda = 4$m로 같다는 것을 알 수 있다. 두 파동의 속력은 $v = \lambda f = \frac{1}{2}$m/s이다. $t = 7$초일 때 파동 P, Q를 그려보면, $x = 9.5$m에서 P, Q의 변위가 각각 $0, 2A$이다. 따라서 $y_1 = 2A$이다. $t = 11$초일 때 파동 P, Q를 그려보면, $x = 9.5$m에서 P, Q의 변위가 각각 $A, 0$이다. 따라서 $y_2 = A$이다.

17. 정답: ④ ㄴ, ㄷ

ㄱ. A의 관성계에서, 빛이 거울을 향할 때 거울은 빛에 다가오고, 빛이 광원을 향할 때는 광원이 멀어진다. 따라서 빛이 광원에서부터 거울까지 걸린 시간이 빛이 거울에서부터 광원까지 걸린 시간보다 짧다.

ㄴ. B의 관성계에서, A와 빛의 방출 방향은 왼쪽이다.

ㄷ. B의 관성계에서 빛의 왕복 시간은 $\frac{2L}{c}$이고 고유 시간이다. A의 관성계에서는 왕복 시간 T가 팽창된 시간이므로 고유 시간보다 크고 $T > \frac{2L}{c}$이다.

18. 정답: ⑤ ㄱ, ㄴ, ㄷ

ㄱ. 0초에서 1초까지의 가속도의 방향이 아래 방향이면 A가 1초 이후에 정지할 수 없으므로 0초에서 1초까지 가속도의 방향은 위 방향이다.

1초일 때 속도가 위 방향으로 a, 2초일 때 속도가 0이므로 가속도의 크기는
< 가속도의 정의 $a = \frac{\Delta v}{\Delta t}$ >에 따라
$$\left| \frac{0-a}{2-1} \right| = a$$
이다.
따라서 ㄱ은 옳은 선택지이다.

ㄴ. A의 1초 이후 가속도가 a이므로 빗면에서 중력에 의한 가속도 또한 a라 할 수 있다.

위 방향을 (+)라 한다.
0초에서 1초까지의 A와 B의 운동 방정식은 < 뉴턴 제2법칙 $F = ma$ > 에 따라
$$F - (M+m)a = (M+m)a$$
이고, 1초 이후의 B의 운동 방정식은
$$F - ma = m(4a)$$
이다.
두 식을 F 에 대하여 나타내면
$$F = 2(M+m)a = 5ma$$
이다. 이를 M 과 m 에 대하여 나타내면
$$M = \frac{3}{2}m$$
이다.

따라서 ㄴ은 옳은 선택지이다.

ㄷ. A의 가속도가 1초에 바뀌고, 운동 방향이 2초에 바뀌므로
A의 0초에서 3초까지 총 이동 거리를 구하기 위해서는 0초에서 1초, 1초에서 2초, 2초에서 3초로 구간을 나눠야 한다.

< 등가속도 운동의 속도 $v = v_0 + at$ > 에 따라 2초일 때를 기준으로 하면
3초일 때 속도는
$$v = 0 - a = -a$$
이다.

< 평균 속도의 정의 $\bar{v} = \dfrac{v + v_0}{2}$ > 에 따라

A의 0초에서 1초, 1초에서 2초, 2초에서 3초까지 평균 속도는 각각
$$\frac{0+a}{2} = \frac{1}{2}a,\ \frac{a+0}{2} = \frac{1}{2}a,\ \frac{0-a}{2} = -\frac{1}{2}a$$
이다. < 이동 거리 $s = |\bar{v}t|$ > 에 따라 A의 0초에서 1초, 1초에서 2초, 2초에서 3초까지 이동 거리는 각각
$$\frac{1}{2}a,\ \frac{1}{2}a,\ \left|-\frac{1}{2}a\right| = \frac{1}{2}a$$
이다. 따라서 A의 0초에서 3초까지 총 이동 거리는
$$\frac{1}{2}a + \frac{1}{2}a + \frac{1}{2}a = \frac{3}{2}a$$
이다.

한편 B는 가속도가 1초에 바뀌고, 운동 방향은 변하지 않으므로
B의 0초에서 3초까지 총 이동 거리를 구하기 위해서는 0초에서 1초, 1초에서 3초로 구간을 잡는 것이 간단하다.
< 등가속도 운동의 속도 $v = v_0 + at$ > 에 따라 1초일 때를 기준으로 하면
3초일 때 속도는
$$v = a + 4a \times 2 = 9a$$
이다.

< 평균 속도의 정의 $\bar{v} = \dfrac{v + v_0}{2}$ > 에 따라

B의 0초에서 1초, 1초에서 3초까지 평균 속도는 각각
$$\frac{0+a}{2} = \frac{1}{2}a,\ \frac{a+9a}{2} = 5a,$$
이다. < 이동 거리 $s = |\bar{v}t|$ > 에 따라 A의 0초에서 1초, 1초에서 3초까지 이동 거리는 각각
$$\frac{1}{2}a,\ 5a \times 2 = 10a$$
이다. 따라서 B의 0초에서 3초까지 총 이동 거리는
$$\frac{1}{2}a + 10a = \frac{21}{2}a$$
이다.
0초에서 3초까지 B의 이동 거리는 A의 이동 거리의 7배이므로
ㄷ은 옳은 선택지이다.

별해)

ㄷ을 풀 때에는 그래프를 그려서 풀면 더 깔끔히 풀 수도 있다.

19. 정답: ③ ㄱ, ㄴ

Lecture <전기력과 작용 반작용>

뉴턴의 운동법칙을 다들 알 것이다. 뉴턴의 운동법칙 중 제 3법칙인 작용 반작용 법칙 또한 전하 사이의 상호작용에 적용할 수 있다. A 전하와 B 전하가 있다고 가정하자. 둘의 전하 부호가 같을 때는 척력이 작용할 것이다. 이를 작용 반작용 관점에서 보면, A 전하가 B 전하를 밀었기 때문에 B 전하도 A 전하를 밀었다고 생각할 수 있는 것이다. 둘의 전하 부호가 다를 때도 마찬가지이다. 이를 응용해서 생각해보면, 각각의 전하가 받는 전기력들을 방향을 고려해 더하면 0이 나옴을 알 수 있다. 점전하가 2개가 아니라 3개, 혹은 3개보다 더 많더라도 이는 적용할수 있다. 전하의 개수가 몇 개이든, 이들 각각이 받는 전기력을 방향까지 고려하여 더했을 때 0이 됨을 이용하는 것은 종종 문제에서 유용하다.

Warning. 전기력의 방향과 크기를 고려할 때, 총합이 0이라는 것을 잊지 말자!

sol. B, C의 전하 부호는 다르므로 A가 (+)극이라 가정했을 때, (+,+,−),(+,−,+)의 2가지 경우로 살펴볼 수 있다.(A가 (−)극이라고 가정해도 반대로 생각하면 동일함을 알 수 있다.)

세 점전하가 받는 모든 전기력을 부호(방향)을 생각하여 더하게 되면 0이어야 하는 점을 이용하면 쉽게 경우를 알 수 있다.(*) 그러면 C가 받는 전기력의 방향은 $+x$ 방향일 것이다. 이때, 전자의 경우에는 C는 A와 B로부터 인력만을 받을 것이기 때문에 $-x$ 방향으로 힘을 받을 것이므로 이 경우는 틀린 것을 알 수 있다. 따라서 후자의 경우로 받아들일 수 있다.

ㄱ. 앞에서 보인 것처럼 A, B 두 전하의 부호는 다름을 알 수 있다.

ㄴ. A와 B 사이의 전기력의 <u>크기</u>를 p, B와 C 사이의 전기력의 <u>크기</u>를 q, A와 C 사이의 전기력의 <u>크기</u>를 r이라 하자. A와 B 사이와 B와 C 사이에는 인력이 있을 것이며, A와 C 사이에는 척력이 있을 것이다. A가 (−)방향으로 전기력을 받기 위해서는 A가 받는 두 전기력 중 척력인 C로 인한 전기력이 B로 인한 전기력보다 크다.(r>p)

B가 (+)방향으로 움직이기 위해서는 C로 인한 전기력이 A로 인한 전기력보다 커야한다.(q>p)

C가 (+)방향으로 움직이기 위해서는 A로 인한 전기력이 B로 인한 전기력보다 커야한다.(r>q)

즉, 세 조건을 생각해보면 r>q>p임을 알 수 있다. 이때, q>p를 통해서, C의 전하량은 A의 전하량보다 크다는 것을 알 수 있다. 또한, A와 C 사이의 거리는 A와 B 사이의 거리의 2배인데 r>p임을 통해 C의 전하량은 B의 전하량보다 큼을 알 수 있다. 따라서 C의 전하량이 가장 크다는 것을 알 수 있다.

ㄷ. 앞서 ㄴ에서 설명했듯이 r>q임을 알 수 있다. 또한, r은 A와 C 사이의 전기력의 크기이며, q는 B와 C 사이의 전기력의 크기임을 언급했다. 두 점전하 사이의 전기력의 크기는 두 점전하의 전하량의 크기의 곱에 비례하며, 두 점전하가 떨어진 거리의 제곱에 반비례함을 알 수 있다. 이를 통해, r>q인 것과 A와 C 사이의 거리가 B와 C 사이의 거리의 2배인 것을 이용하면, A는 B의 전하량의 4배보다 크다는 것을 알 수 있다.(A, B, C의 전하량의 크기를 각각 q_1, q_2, q_3라 하면 $\frac{q_1 q_3}{2^2} > \frac{q_2 q_3}{1^2}$ 이기 때문이다.)

20. 정답: ④ ㄴ, ㄷ

ㄱ. 평형점 개념으로 생각해 보자.

기준점을 늘어나지 않은 용수철의 아래쪽 끝으로 하고, 위 방향을 (+)로 두자. 그림 (가)에서 용수철의 평형점의 위치는 $-x$ 이다.

그림 (가)에서 아래로 작용하는 중력과 위로 작용하는 탄성력이 평형이므로

<중력 $F = mg$>와 <탄성력 $F = kx$>에 따라

$$mg = kx$$

이다.

그림 (나)에서도 아래로 작용하는 중력과 위로 작용하는 탄성력이 평형이다. 용수철의 평형점의 위치를 $-X$ 라 하자. 위와 같은 등식을 세우면

$$2mg = 2kx = kX, \text{ 즉 } X = 2x$$

이다.

그림 (나)에서 평형점에서 $+2x$ 만큼 이동하였을 때 물체가 정지하므로 평형점에서 $-2x$ 만큼 이동하여도 물체는 정지한다. 다른 말로 하자면, 평형점에서 $-2x$인 지점에서 물체를 가만히 놓으면 물체는 평형점에서 $+2x$인 지점에서 정지한다. d는 이 두 정지한 지점 사이의 거리이므로 $4x$이다.

따라서 $d = 4x$ 이므로 $x = \dfrac{d}{4}$ 이다.

ㄴ. 그림 (나)의 기준점에서의 중력 퍼텐셜 에너지를 0이라 하자. 기준점에서의 탄성 퍼텐셜 에너지 또한 0이다.

기준점에서 $-x$ 만큼 떨어진 추의 중력 퍼텐셜 에너지는 <중력 퍼텐셜 에너지 $U = mgh$ >에 따라 $-2mgx$ 이고, 용수철의 탄성 퍼텐셜 에너지는 <탄성 퍼텐셜 에너지 $E = \dfrac{1}{2}kx^2$>에 따라 $\dfrac{1}{2}kx^2$이다.

<역학적 에너지 보존 법칙>에 따라 에너지의 총합은 0이므로 추의 운동 에너지는

$$2mgx - \frac{1}{2}kx^2 = 2mgx - \frac{1}{2}mgx = \frac{3}{2}mgx$$

이다. <운동 에너지 $K = \dfrac{1}{2}mv^2$>에 따라 추의 운동 에너지에 대한 등식을 세우면

$$mv^2 = \frac{3}{2}mgx$$

이다. 이를 $x = \dfrac{d}{4}$를 이용하여 간단히 하면

$$v^2 = \frac{3}{8}gd, \text{ 즉 } v = \sqrt{\frac{3gd}{8}} \text{ 이다.}$$

ㄷ. 추의 속력이 최대인 점은 평형점이다. 평형점은 기준점에서 $-2x$ 떨어져 있으므로 추의 중력 퍼텐셜 에너지와 용수철의 탄성 퍼텐셜 에너지는 각각 $4mgx$, $2kx^2$ 이다.

<역학적 에너지 보존 법칙>에 따라 에너지의 총합은 0이므로 추의 운동 에너지는

$$4mgx - 2kx^2 = 4mgx - 2mgx = 2mgx$$

이다. 추의 최대 속력을 V라 하자. $mv^2 = \dfrac{3}{2}mgx$ 이므로 <운동 에너지 $K = \dfrac{1}{2}mv^2$>에 따라 추의 최대 속력에 대한 등식을 세우면

$$\frac{4}{3}mv^2 = mV^2, \text{ 즉 } V = \frac{2\sqrt{3}}{3}v \text{ 이다.}$$

핵심 정리 Note

GRAVITY 2회

해설

1. 정답: ③ A, B

빛의 굴절 현상은 빛이 나아갈 때 매질의 굴절률 차이로 인해 진행 경로가 휘어지는 것을 말한다. A는 같은 매질이지만 온도에 따른 굴절률 차이로 인해, B는 서로 다른 매질인 물과 공기 간의 굴절률 차이로 인해 빛이 굴절되는 현상을 보여주는 예이다. C는 빛이 파동성을 가지고 있다는 것을 증명하는, 빛의 간섭 현상에 해당한다.

2. 정답: ⑤ ㄴ, ㄷ

ㄱ, ㄴ. 두 반응은 모두 핵융합 반응이다. 핵융합 반응에서 질량수와 전하량은 보존되므로 ㉠은 ^3_1H, ㉡은 ^3_2He이다. 동위 원소는 양성자수는 같지만 중성자수가 다른 원소이다(EBS 수능특강). 따라서 ㉠과 ㉡은 동위 원소가 아니다.

ㄷ. 핵융합 반응에서 질량 결손이 클수록 생성되는 에너지의 양이 크다. (가)에서 생성되는 에너지의 양이 (나)에서 생성되는 에너지의 양보다 크므로 질량 결손 역시 (가)에서가 (나)에서보다 크다.

3. 정답: ④ ㄴ, ㄷ

ㄱ. ㉠은 파장이다.

ㄴ. 비접촉 온도계에 이용되는 전자기파는 적외선이다. A는 적외선, B는 자외선이다.

ㄷ. 진공에는 매질이 없지만, 전자기파는 매질이 없어도 진행할 수 있다.

4. 정답: ① ㄱ

ㄱ. 단면적 A, 길이 l, 전기전도도 σ인 막대의 저항은 $R = \dfrac{l}{\sigma A}$이다. 이를 이용하면 참임을 알 수 있다.

ㄴ. 이 보기는 함정형 선지로, 선지 자체는 매우 별로이지만 학생들이 공부를 할 수 있도록 낸 선지이다. 비저항은 전기전도도의 역수로 물질의 내재적인 성질이다. 즉 비저항 또는 전기전도도는 밀도와 같이

물체를 이루는 물질이 같다면 부피가 달라진다고 달라지는 물리량이 아니다. 단, 물리학1 교육과정 내에서 온도에 따라 달라지는 예시가 제시되므로 교과서 개념을 다시 읽어보고 정리해두자.

ㄷ. 이 보기는 약간은 지구과학스럽게 제시한 선지이다. 정확히 풀기보다는 어느 정도 감이나 문제에 대한 눈치로 문제를 해결하여야 한다. 눈치로 선지를 해결하려면 철의 전기전도도에 비해 매우 작다는 것을 이용해 추측하면 된다. 우리가 흔히 도체라고 부르는 물체들은 전기 전도도 σ가 매우 높다. 그렇기 때문에 전자기학에서는 종종 도체의 전기전도도 $\sigma = \infty$로 가정하고 이론을 전개하곤 한다. ⓒ은 4.0×10^0인데, 이 값은 도체라고 하기에는 너무 작다. 실제 도체인 은이나 구리의 전기 전도도는 각각 $6.30 \times 10^7 \, \Omega^{-1} \cdot m^{-1}$, $5.96 \times 10^7 \, \Omega^{-1} \cdot m^{-1}$이다. 문제가 별로라고 생각할 수 있는데, 또 다른 관점에서 보면 실제 물리를 하는 사람들은 대부분 단위에 대해 어느 정도의 감이 있는 것을 매우 중요시 생각한다. 이참에 염두해두자.

5. 정답: ⑤ ㄴ, ㄷ

ㄱ. A, B, C 모두 양자수가 큰 쪽에서 작은 쪽으로 전이하는 과정으로 이때 에너지를 방출하면서 빛을 방출한다.

ㄴ. 방출 혹은 흡수되는 빛의 파장은 방출 혹은 흡수되는 에너지의 양에 반비례한다. 혹은 $E_n \propto \dfrac{1}{n^2}$정도는 알고 있는 것도 좋다.

ㄷ. $E = hf = \dfrac{hc}{\lambda}$이므로 $\dfrac{1}{\lambda_A} + \dfrac{1}{\lambda_B} = \dfrac{1}{\lambda_C}$이다.

6. 정답: ④ $\dfrac{12}{7}$

본 해설에서 '경로차'는 어떤 한 지점까지 S_1으로부터의 거리에서 S_2로부터의 거리를 뺀 값을 의미하며 부호가 존재하는 값이다.

먼저 a를 구해보자. 문제에서 제시한 원 위의 점 중 경로차가 최소인 점은 기하적인 분석(말이 거창하게 들릴지는 모르겠지만 이는 해설을 위한 용어 사용이고 실제로 문제를 풀 때는 직관을 통해 쉽게 찾을 수 있을 것이다)을 통해 S_1으로부터 $-x$ 방향으로 2.4m 떨어진 점임을 알 수 있다. 그 점에서의 경로차는 -2.75m이다. 원 위의 점 중 경로차가 최대인 점은 점 P이고 경로차는 $2.4 - 0.35 = 2.05$m이다. $-7\lambda < -2.75 < -\dfrac{13}{2}\lambda$, $5\lambda < 2.05 < \dfrac{11}{2}\lambda$이고, x축을 기준으로 경로차가 같은 지점이 대칭적으로 존재하므로 $a = 12 \times 2 = 24$이다.

다음으로 b를 구해보자. 위와 마찬가지로 경로차의 최대와 최소를 구해보면 각각 2.75m와 -2.75m이다. 상쇄간섭하는 지점을 물어봤으므로 위와 다르게 반파장의 홀수배 개수를 세어주면 $b = 14$이다.

7. 정답: ⑤ ㄱ, ㄴ, ㄷ

ㄱ. 물체에 작용하는 중력은 지구가 물체가 당기는 힘으로 물체가 지구를 당기는 힘은 작용 반작용 관계이다.

ㄴ. 물체가 정지해있으므로 알짜힘은 0이다.

ㄷ. 수평면이 책상을 미는 힘은 책상이 수평면을 미는 힘과 같고 이는 물체와 책상의 무게의 합과 같다.

8. 정답: ① v

두 물체를 하나의 시스템(계)으로 보자. (가)로부터 (나)까지 시스템 외부의 힘이 일을 하지 않으므로 계의 운동량은 보존된다. B의 질량을 m_B라 할 때, 운동량 보존 법칙에 따라

$$m(2v) + m_B v = m\left(\frac{2}{3}v\right) + m_B\left(\frac{5}{3}v\right)$$

가 성립한다. 따라서, $m_B = 2m$이다. 충돌 전 A, B의 역학적 에너지는 다음과 같다.

$$\frac{1}{2}m(2v)^2 + \frac{1}{2}(2m)v^2 = 3mv^2$$

용수철에 저장된 탄성 퍼텐셜 에너지가 $\frac{1}{4}mv^2$일 때 B의 속력을 v_2라 하면, 운동량 보존 법칙에 따라 다음을 얻는다.

$$mv_1 + (2m)v_2 = 4mv$$

이를 통해 $v_2 = \frac{4v - v_1}{2}$를 구할 수 있다.

또한, 충돌하는 동안 보존력인 탄성력만 일을 한다. 보존력만 일을 하였으므로 역학적 에너지는 보존된다. 역학적 에너지 보존 법칙을 사용하면 다음을 얻는다.

$$\frac{1}{2}mv_1^2 + \frac{1}{2}mv_2^2 + \frac{1}{4}mv^2 = 3mv^2$$

앞의 결과를 대입해 정리하면

$$3v_1^2 - 8vv_1 + 5v^2 = 0$$

이며, 따라서 $v_1 = \frac{5}{3}v$ 또는 $v_1 = v$이다. (가)에서 (나)까지 물체 A는 지속적으로 용수철에 의해 운동 반대 방향으로 힘을 받으므로 속력이 계속 감소한다. 따라서 $v_1 = v$이다.

9. 정답: ④ ㄱ, ㄷ

ㄱ, ㄴ. P에 A, B, C를 비춘다면 방출되는 광전자의 최대 운동에너지는 $4E_0$이다. Q에 A, B, C를 비춘다면 방출되는 광전자의 최대 운동에너지는 $5E_0$이다. 그러므로, P의 문턱진동수는 Q의 문턱진동수보다 높다. P에 A, C를 비춘 경우 광전자가 방출되었지만, B를 비춘 경우 광전자가 방출되지 않았으므로, A, B, C 중 B의 진동수가 가장 낮다는 것을 알 수 있다. Q에 A, B를 비춘 경우와 Q에 B, C를 비춘 경우를 비교하면 B보다 C의 진동수가 높다는 것을 알 수 있다. 비슷한 방법을 반복하면 다음을 얻을 수 있다.

$$f_C > f_A > f_P > f_Q > f_B$$

ㄷ. ㉠은 E_0보다 크다.

10. 정답: ① ㄱ

ㄱ. A, B, C의 굴절률을 각각 n_A, n_B, n_C라 하자. 입사각과 굴절각의 크기 비교를 통하여, $n_A > n_B > n_C$임을 알 수 있다. A와 C의 굴절률 차이가 B와 C의 굴절률 차이보다 크므로, A와 C 사이의 임계각은 45°보다 작다.

ㄴ. X를 θ보다 큰 각으로 B에 입사시키면, X는 B와 C의 경계면에서 입사각이 현재보다 더 작아지므로 전반사하지 못한다.

ㄷ. 이 선지는 스넬의 법칙을 이용하여 계산을 하는 문제이다. EBS에서 스넬의 법칙을 이용하여 계산하는

문제들이 제시되어 있으므로, 이 선지를 해결하며 연습해보자. A와 B 사이의 임계각이 $60°$ 이므로, $n_A \sin \dfrac{\pi}{3} = n_B$ 이다. 매질 B와 C 사이에서 X의 입사각은 임계각인 $45°$ 보다 작다. 각도 조사를 통해 A와 B 사이에서 X의 굴절각을 ϕ 라 할 때 ϕ 는 $45°$ 보다 크다. 스넬의 법칙을 이용하면,

$$n_A \sin \theta = n_B \sin \phi > n_B \sin \dfrac{\pi}{4}$$

이며, $n_B = n_A \sin \dfrac{\pi}{3}$ 를 대입하면

$$n_A \sin \theta = n_B \sin \phi > n_A \sin \dfrac{\pi}{3} \sin \dfrac{\pi}{4}$$

이다. 따라서 $\sin \theta < \dfrac{\sqrt{6}}{4}$ 이다.

별해)

ㄱ. A, B, C의 굴절률을 각각 n_A, n_B, n_C라 하자. 먼저 입사각과 굴절각의 크기 비교를 통하여, $n_A > n_B > n_C$임을 알 수 있다. 또한 계산의 편의를 위해 $n_C = \sqrt{3}$ 이라 하면, 문제에서 주어진 매질 간의 임계각을 통해 n_A 와 n_B 가 각각 $2\sqrt{2}$, $\sqrt{6}$ 임을 알 수 있다. A와 C 사이의 임계각을 i라 하면 스넬 법칙을 통해 $\dfrac{\sin i}{\sin 90°} = \dfrac{n_C}{n_A} = \dfrac{\sqrt{6}}{4} < \sin 45°$ 이므로 $i < 45°$ 이다.

ㄴ. X를 θ 보다 큰 각으로 B에 입사시키면, X는 B와 C의 경계면에서 입사각이 현재보다 더 작아지므로 전반사하지 못한다.

ㄷ. 먼저 보기에서 왜 $\dfrac{\sqrt{6}}{4}$ 과의 비교를 물어봤는지 숫자의 의미가 무엇인지 생각해보자. 앞서 보기 ㄱ에서 이미 저 숫자를 본 적이 있을 것이다. 매질 A와 C 사이의 임계각의 사인값이다. 따라서 위의 문제 상황 에서 B와 C의 경계면에서 전반사하는 상황을 생각해볼 수 있고 단색광 X가 B에서 임계각으로 입사할 때, A에서의 입사각을 β 라 하면 스넬법칙을 통해 $\sin \beta = \dfrac{\sqrt{6}}{4}$ 임을 알 수 있다. 위의 그림에서는 B와 C의 경계면에서 전반사하지 않고 있으므로 $\theta > \beta$ 이고 $\sin \theta > \sin \beta = \dfrac{\sqrt{6}}{4}$ 이다.

Tip) 매질이 3개 이상이 있을 때 처음과 끝 매질을 제외한 가운데 매질에서 단색광이 통과하면서 입사각과 굴절각이 동일하다면 가운데 매질을 없는 것으로 취급하여도 된다. 즉, 처음 매질과 끝 매질 사이의 관계를 조건으로 준 것이라 할 수 있다. 위의 문제에서도 B와 C의 경계면에서 전반사하는 상황에서 B에서 굴절각 과 입사각이 모두 $45°$ 로 동일하므로 빠르게 $\sin \beta = \dfrac{\sqrt{6}}{4}$ 임을 알 수 있다.

11. 정답: ③ C

유도 전류가 흐르기 위해서는 금속 고리 내부를 지나는 자기선속이 변화해야 한다. 자기장 영역은 일정하고 균일하므로 자기장 영역을 지나는 고리 내부의 면적이 변화할 때만 유도 전류가 흐를 수 있다. 이 조건을 만족하는 것은 C뿐이다.

12. 정답: ② 9:5

경사면 위 방향을 (+)로 하여, 벡터를 부호로 표시해주겠다.
주어진 그래프의 기울기를 통해, 두 물체의 충돌 전과 후 A에 대한 B의 속도 크기의 비가 4:1임을 알 수

있다.

$t = 0$일 때 A, B의 속도를 각각 $10v_1$, $6v_1$ $(v_1 > 0)$이라 하자. 여기서 A에 대한 B의 속도가 $-4v_1$이므로, 충돌 후 A에 대한 B의 속도의 크기는 v_1이다. 한편, $t = 5t_0$일 때 A, B의 속도를 각각 $-2v_2$, $-v_2$이라 하자. 여기서 A에 대한 B의 상대 속도의 크기는 v_2인데 이는 v_1과 같아야 한다. 따라서, $v_2 = v_1$이다. 이제 충돌 직전과 직후의 상황을 생각해보자. 충돌하는 순간을 제외하고는 두 물체의 가속도는 같으므로 $t = 0$부터 $t = t_0$까지 A, B의 속도 변화량을 Δv라 하면 $t = t_0$부터 $t = 5t_0$까지 A, B의 속도 변화량은 $4\Delta v$이다. 그러면, 충돌 직전 A, B의 속도는 각각 $10v_1 + \Delta v$, $6v_1 + \Delta v$이며, 충돌 직후 A, B의 속도는 $-2v_1 - 4\Delta v$, $-v_1 - 4\Delta v$이다. 충돌하는 시간은 매우 짧으므로, 계에 작용하는 외력은 무시할 수 있고, 따라서 운동량은 보존된다. 운동량 보존 법칙에 따라,

$$3m(10v_1 + \Delta v) + 2m(6v_1 + \Delta v) = 3m(-2v_1 - 4\Delta v) + 2m(-v_1 - 4\Delta v)$$

이며, 질량이 같은 부분끼리 묶어주면,

$$3m(12v_1 + 5\Delta v) = 2m(-7v_1 - 5\Delta v)$$

이고, 따라서 $\Delta v = -2v_1$이다.

이제 마지막 답을 구하기 위해, 평균속도를 이용해보자. 걸린 시간이 A, B가 동일하므로 움직인 거리 비는 평균속도 비와 동일하다. 따라서, $L_A : L_B = \dfrac{10v_1 + 8v_1}{2} : \dfrac{6v_1 + 4v_1}{2} = 9 : 5$이다.

빗면 위에 두 개의 물체가 별다른 연결이나 접촉이 없이 있는 경우는 다음 technique이 유용하다. 특히 기출문제를 풀어보면 알 수 있듯이, 충돌유형에서 A, B 사이의 거리에 대한 정보를 줬을 때는 상대속도를 이용하면 좀 더 편하게 풀 수 있으므로 반드시 연습해두자.

> Technique. 같은 빗면 위 여러 개의 물체가 있는 경우
> 1. 모든 물체가 같은 가속도로 등가속도 운동을 한다.
> 2. 물체 사이의 상대속도를 이용하는 것이 때때로 계산량을 줄여준다.

13. 정답: ② ㄴ

흔히 접하던, x축과 나란하게 운동하는 우주선의 상대성이론 문제를 y축과 나란하게 운동하도록 돌려놓은 상황이라고 이해하면 좀 더 쉬울 것이다.

ㄱ, ㄴ. B의 관성계에서 광원에서 검출기 p, q, r, s까지 빛이 이동한 시간이 모두 동일하므로 각 검출기까지의 고유 길이는 모두 같다. A의 관성계에서는 광원에서 검출기 p, q까지 빛이 이동한 시간이 같으므로 우주선은 x축과 나란한 방향으로 운동할 수 없다. 따라서 y축과 나란한 방향으로 운동하게 되고 이때 A의 관성계에서 빛은 검출기 p 또는 q까지 사선으로 진행하기 때문에 $t_1 > t_2$이다.

ㄷ. 어렵지만 독자가 이 문제에서 꼭 얻어갔으면 하는 선지이다. 먼저 검출기 r를 거울이라고 생각하고 광원에서 출발한 빛이 거울 r에 반사되어 다시 광원으로 돌아오는 사건을 상상해보자. A의 관성계에서 이 사건이 일어나는데 걸리는 시간은 $t_3 + t_4$가 될 것이다. 즉, '대칭성'을 활용할 수 있다. A가 측정했을 때, 거울 r에서 다시 광원으로 돌아오는 빛의 경로 길이는 광원에서 거울 s로 진행하는 빛의 경로 길이와 같을 수밖에 없다. (이해가 잘 되지 않는다면 차근차근 단계별로 그림을 직접 그려보는 것이 도움이 될 것이다.)

A의 관성계에서는 사건의 시작과 끝이 다른 장소이고 B의 관성계에서는 사건의 시작과 끝이 같은 장소이므로 B가 측정한 시간이 고유시간이 된다. 따라서 $2t_2 < t_3 + t_4$이다. B의 관성계에서 p에서 q까지의 거리는 $2ct_2$이므로 ㄷ은 거짓이다.

이 보기에서 '대칭성', '제시되지 않은 고유시간의 설정' 두 가지를 꼭 이해하고 챙겨가길 바란다. 2022 학년도 수능에 이어 앞으로도 중요한 주제로 다뤄질 가능성이 크다.

14. 정답: ⑤ ㄱ, ㄴ, ㄷ

물체 A와 B에 작용하는 중력의 빗면 성분의 크기를 각각 $m_A\beta$, $m_B\beta$라 하자. 편의상 단위는 모두 mks를 사용하기로 하고 풀이에 적지 않도록 하겠다.

(가)에서 A와 B에 대해 뉴턴의 제2법칙을 적용하면

$$\frac{24-(m_A+3)\beta}{m_A+3}=a \tag{1}$$

$$\frac{24}{m_A+3}-\beta=a \tag{2}$$

이다. (나)에서 A와 B에 대해 뉴턴의 제2법칙을 적용하면

$$\frac{24+(m_A+3)\beta}{m_A+3}=2a \tag{3}$$

$$\frac{24}{m_A+3}+\beta=2a \tag{4}$$

이다. 또한 (나)에서 장력이 주어졌음을 이용하기 위해, B에 대해 뉴턴의 제2법칙을 적용하면

$$\frac{24+m_B\beta-6}{m_B}=2a \tag{5}$$

식을 정리하면

$$6+\beta=2a \tag{6}$$

이다. A에 대해서도 뉴턴의 제2법칙을 적용하면

$$\frac{6+m_A\beta}{m_A}=2a \tag{7}$$

식을 정리하면

$$\frac{6}{m_A}+\beta=2a \tag{8}$$

이다. 식(6)과 비교하면 $m_A=1\text{kg}$ 이다. 이것을 다시 식 (2), (4)에 대입하고 연립하면 $a=4\text{m/s}^2$, $\beta=2\text{m/s}^2$ 이다. (가)에서 실에 걸리는 장력의 크기를 T_1 이라 하면, 물체 B에 뉴턴의 제 2법칙을 적용하면, $T_1-m_B\beta=m_Ba$ 이므로 $T_1=18\text{N}$ 이다.

별해)

정석으로 모든 힘을 나타내어 연립하여 풀 수도 있지만 여기서는 '힘의 질량비 분배'를 활용하여 문제를 해결하겠다.

ㄱ. 먼저 그림 (나)에서 A와 B를 묶어서 하나의 계로 보자. A에 빗면 방향으로 작용하는 중력을 f_A, B에

빗면 방향으로 작용하는 중력을 f_B라 하면 계에 작용하는 알짜힘은 $24 + f_A + f_B$이다. 여기서 A와 B에 각각 작용하는 알짜힘은 전체 힘을 질량비로 배분한 것이라는 너무나도 당연한 사실을 활용해보자. 이미 빗면 방향으로 작용하는 중력들은 질량비에 따라 예쁘게 분배되어 있다. 즉, 외력 $24N$만 질량비에 따라 분배되면 되는데 A에 힘을 가할 수 있는 방법은 장력밖에 없다. (나)에서 실에 걸리는 장력이 $6N$이므로 A와 B의 질량비가 $1:3$임을 알 수 있다.

이를 식으로 표현하면, A에 작용하는 알짜힘은,

$$(24) \times \frac{m_A}{m_A + m_B} + (f_A + f_B) \times \frac{m_A}{m_A + m_B}$$

$$= 장력 + f_A$$

ㄴ. 가속도의 크기는 (나)에서가 (가)에서의 2배이므로,

$$24 - (f_A + f_B) : 24 + (f_A + f_B) = 1 : 2$$

이다. 따라서 $f_A + f_B = 8N$이고, 이를 (가)에 $F = ma$를 이용하여 적용하면 $a = 4m/s^2$이다.

ㄷ. ㄱ 보기를 이해했다면 그대로 적용시켜보자. 질량비가 $1:3$임을 알았다면 (가)에서 실에 걸리는 장력은 $18N$임을 쉽게 알 수 있다.

15. 정답: ① ㄱ

먼저 각 지점에서 A, B의 속력을 파악해보자. B가 R을 지날 때 속력을 V라 하면, 평균속력 비를 이용하여, A가 R을 지날 때 속력을 $4V - 4v$로 둘 수 있다. A의 가속도는 변하지 않으므로 등가속도 운동 공식 '$2as = v^2 - v_0^2$'을 이용하여 식을 쓰면,

$$(4v)^2 - (4V - 4v)^2 = 4\{(4V - 4v)^2 - v^2\}$$

이며, 이를 정리하면 $V = \frac{3}{2}v$이다. 따라서, A는 R에서 S까지 속력이 $2v$에서 v로 감소하는 운동을, B는 R에서 Q까지 속력이 $\frac{3}{2}v$에서 $8v$로 증가하는 운동을 하는데 두 자동차의 시간에 따른 속력 함수는 모두 연속이므로 중간에 교점이 존재한다.

이제 ㄴ, ㄷ보기에서 각각 거리와 가속도를 물어봤으므로 시간에 대한 변수를 설정해보자. A가 R에서 S까지 운동할 때 걸린 시간을 t라 하면 $L = \frac{3}{2}vt$이다. 이때, B가 R에서 Q까지 운동할 때 걸린 시간을 T라 두고 B의 운동에 관해 식을 쓰면,

$$\frac{\frac{3}{2}v + 8v}{2} \times T + 8v(t - T) = 4L = 6vt$$

이다. 따라서, $T = \frac{8}{13}t$이고 각각의 지점 사이의 거리를 평균속력을 이용하여 구하면 $L_{P \sim Q} = \frac{40}{13}vt$, $L_{Q \sim R} = \frac{38}{13}vt$이다. 마지막으로, S에서 R까지 B가 운동할 때 걸린 시간은 $2t$이므로 B의 가속도의 크기를 구하면 Q와 R 사이에서가 R에서 S 사이에서의 $\frac{169}{12}$배이다.

별해) R에서의 A의 속력을 구할 때 약간의 센스를 발휘해볼 수 있다. A는 등가속도 운동을 하므로 속력이 $0, v, 2v, 3v, \cdots$로 변할 때 이동한 거리의 비는 $1:3:5:7 \cdots$로 변한다. 이 문제에서 이동한 거리의 비가 $4:1$이므로 $(5+7):3$으로 생각해 볼 수 있고 이를 통해 R에서 A의 속력이 $2v$가 됨을 빠르게 알아낼 수도 있다.

물체가 등가속도 운동을 하고 거리 비가 주어지는 문제에서는 출제자가 편의를 위해 속력과 이동한 거리의

비가 딱 맞아떨어지도록 제시하는 경우가 많으므로 머릿속으로 빠르게 여러 숫자들을 조합하여 보는 것도 시간 단축에 큰 도움이 될 것이다. 단, 이 방법을 고집하며 찾아내기 위해 시간을 끌기보다는 빠르게 미지수를 설정하여 풀어내는 것이 좋다.

16. 정답: ① A
정답: 전자 현미경은 광학 현미경보다 매우 높은 배율로 물체를 관찰할 수 있다. 이는 서로 다른 두 점을 구별할 수 있는 능력, 즉 분해능이 좋기 때문이다. 관측에 사용되는 파장이 짧을수록 현미경의 분해능은 좋아진다.
B. 투과 전자 현미경을 통해 관측하기 위해서는 시료를 얇게 만드는 과정이 필요하다.
C. 전자석 코일에 전류를 흐르게 하여 주위에 자기장을 형성시켜, 자기장 속에서 전자의 경로를 휘게 만들어 한 점으로 모아주는 장치가 자기 렌즈이다. 즉, 전류의 자기 작용에 해당하는 사례이다. 매해 EBS에서 전류의 자기 작용과 전자기 유도를 사례를 통해 구분하라는 문제가 출제되고 있다. 헷갈린다면 반드시 정리해두자.

17. 정답: ② ㄴ
ㄱ. 이상 기체 상태 방정식을 통해서 기체의 온도는 C에서가 D에서보다 크다. B→C는 등온과정이므로 B와 C에서 기체의 온도는 같다. 앞에서 기체의 온도는 C에서가 D에서보다 높음을 이용하면, 기체의 온도는 B에서가 D에서보다 높다.
ㄴ. D→A 과정에서 기체는 외부로부터 받은 일은 110J이다.
ㄷ. A→B 과정에서 기체의 부피가 일정하므로 기체의 내부 에너지 증가량은 100J이다. B→C 과정, D→A 과정은 등온 과정이므로 기체의 내부 에너지 변화가 없다. 기체가 한 번 순환하는 동안 각 과정에서 기체의 내부 에너지 변화량을 모두 더하면 0이 되어야 한다. 이를 이용하면 C→D 과정에서 기체의 내부 에너지 변화량은 -100J이다. 기체가 B→C 과정에서 외부에 한 일을 W_1이라 하면,

기체가 B→C 과정에서 흡수한 열량은 W_1이다. 따라서 열기관의 열효율은 $0.125 = \dfrac{W_1 - 110\,\mathrm{J}}{100\,\mathrm{J} + W_1}$이며

식을 풀어주면 $W_1 = 140\,\mathrm{J}$이다. 따라서 기체가 한번 순환하는 동안 한 일은 $140\,\mathrm{J} - 110\,\mathrm{J} = 30\,\mathrm{J}$이다.

18. 정답: ② ㄴ
식을 쭉 적어서 문제를 풀기 전, 이 문제는 '대칭성'을 이용하여 식을 더 깔끔하게 적을 수 있다. A, B의 전류에 의한 자기장은 Q와 R에서 세기는 같고 방향은 반대이다. C, E의 전류에 의한 자기장은 P와 Q에서 방향은 같고 방향은 반대이다.
A, E에 흐르는 전류의 방향을 각각 $+x$, $+y$방향이라 가정하자. 자기장의 방향을 부호를 통해 나타내려 하는데, 지면을 뚫고 들어가는 방향을 양(+)으로 하자. C, E에 흐르는 전류에 의한 자기장을 a, A, B에 흐르는 전류에 의한 자기장을 b, D에 흐르는 전류에 의한 자기장을 c라 놓고 주어진 상황을 표를 이용하여 정리해보면 다음과 같다.

	P	Q	R
C, E	$-a$	$-a$	$-a$
A, B	$+b$	$+b$	$-b$
D	$-4c$	$+c$	$+c$

D에 흐르는 전류는 방향을 이미 알고 있으므로 $c > 0$이고, a, b는 부호를 모르지만 문제의 조건에 따라

$|a| < |b|$이다.

점 P와 점 Q를 비교하면, Q가 P보다 $+5c$ 만큼 크다. P에서 자기장이 $+7B_0$가 되면 c가 음수가 되므로 P에서 자기장은 $-7B_0$이고, $c = +2B_0$이다.

이제 R에서 자기장의 방향만 결정하면 된다. R에서 자기장이 $+2B_0$인 경우, $a = -\frac{1}{2}B_0$, $b = +\frac{1}{2}B_0$, $c = +2B_0$로 $|a| = |b|$가 되어 문제의 조건을 만족하지 않는다.

R에서 자기장이 $-2B_0$인 경우, $a = +\frac{3}{2}B_0$, $b = +\frac{5}{2}B_0$, $c = +2B_0$로 문제 조건을 모두 만족한다. 따라서, A, B, C, E의 전류의 방향은 각각 $+x$, $+x$, $-y$, $+y$방향이다.

ㄷ보기 계산을 위해 R에서 C, E에 의한 자기장을 계산해보면 $-k\frac{I_2}{d_1} - k\frac{I_2}{6d_1} = -k\frac{7I_2}{6d_1}$이고, D에 의한 자기장은 $+k\frac{I_0}{4d_1}$이다. 따라서, $k\frac{7I_2}{6d_1} : k\frac{I_0}{4d_1} = \frac{3}{2}B_0 : 2B_0$이며 이를 계산하면 $I_2 = \frac{9}{56}I_0$이다.

참고) 'a, b의 부호를 모른다'에 대해 설명을 하자면, 필자가 전류의 방향을 '가정'했다는 것에 초점을 맞춰주길 바란다. '가정'을 했기 때문에 실제는 어떻게 될지 모르고 이에 따라 'a, b의 부호를 모른다'고 표현한 것이다. 만약 필자의 가정대로 전류가 흐르고 있다면, a, b는 당연히 모두 양수가 나올 것이다. 하지만 필자의 가정이 틀렸다면, a, b 중 적어도 하나는 음수가 나올 것이다. 그러면 거기에 맞춰 전류의 방향을 수정해주기만 하면 된다. 예를 들어, A에 흐르는 전류의 방향을 $-x$방향으로 가정했다면, b의 부호가 음수가 나오게 될 것이고 이에 따라 A에 흐르는 전류의 방향이 $+x$방향으로 고쳐주기만 하면 된다.
경우의 수가 많다는 것에 겁먹지 말고, 우선 가정해보고 나오는 부호에 따라 전류의 방향만 자연스럽게 고쳐주기만 하면 된다는 것을 이 문제에서 얻어가자.

19. 정답: ① ㄱ

ㄱ. (나)에서 D에 작용하는 전기력이 0이므로 A와 C는 종류가 다르고 전하량의 크기는 A가 C의 9배이다.

ㄴ. (가)에서 B와 (나)에서 C에 작용하는 전기력의 방향은 반대이다. 만약 A가 음(-)전하이고 C가 양(+)전하라면 (가)에서 B와 (나)에서 C에 작용하는 전기력의 방향은 모두 $-x$방향으로 같아지므로 조건에 맞지 않는다. 하지만 A가 양(+)전하이고 C가 음(-)전하라면 (가)에서 B는 $+x$방향, (나)에서 C는 $-x$방향으로 전기력이 작용한다.

ㄷ. C가 A에 작용하는 전기력의 크기는 D가 A에 작용하는 전기력의 크기의 $\frac{9}{4}$배이므로 전하량의 크기는 C와 D가 같다. (나)에서 C와 D사이에 작용하는 전기력의 크기를 F라고 하자.

(가)에서 B에 작용하는 전기력의 크기는 $\frac{9}{8}F + \frac{1}{8}F = \frac{5}{4}F$이고, (나)에서 C에 작용하는 전기력의 크기는 $\frac{9}{4}F - F = \frac{5}{4}F$이므로 같다.

20. 정답: ② $\frac{1}{2}$

학생들을 억지로 틀리게 하기 위해 여러 가지 조건이 복잡하게 제시되어 있지만, 각 부분을 잘 분석하고 식을 깔끔하게 잘 적으면 문제를 잘 해결할 수 있다. 특히, 이 문제와 같은 경우 원래는 이 문제를 충분히 풀 수 있는 학생들이 조건이 복잡하다 보니 글씨를 잘 못 쓴다든지 아님 조건 하나를 문제에서 읽지 못했다든지 등의 이유로 문제를 못 풀곤 한다. 실제 시험에서는 시간도 약간 빡빡할 수 있고, 풀 공간도 별로 없을 수 있다. 이러한 상황에 대해 여러 번 연습해보고 자신만의 루틴을 만든다면 이러한 유형을 해결하는 데 큰 도움이 될 것이다.

충돌 직전 A, B의 속력을 각각 $4v$, v라 하자. 또한 벡터를 부호를 통해서 나타내기로 하자. 그러면 충돌 직전 A, B의 속도는 각각 $+4v$, $-v$이다. 충돌 직후 A, B의 속도를 각각 $-2v_1$, v_1이라 하자. 운동량 보존 법칙에 따라,

$$m(4v) + (3m)(-v) = m(-2v_1) + (3m)v_1$$

이므로, $v_1 = v$이다.

여기부터는 에너지를 이용하여 주로 풀이를 전개하고자 한다. A를 놓은 이후부터 충돌 직전까지 A의 역학적 에너지에 관한 식을 적으면,

$$\frac{1}{2}k(\sqrt{15}\,d)^2 + mg(3h) = W_1 + \frac{1}{2}m(4v)^2$$

이다. 계산의 편의를 위해 $T = \frac{1}{2}kd^2$, $V = mgh$, $K = \frac{1}{2}mv^2$으로 정의한다.

식을 정리하고, 앞에서 정의한 변수를 이용하면

$$15T + 3V = W_1 + 16K$$

충돌 후 A가 용수철을 다시 압축할 때까지 A의 역학적 에너지에 관한 식을 세우면

$$\frac{1}{2}k(d)^2 + mg(3h) = -W_1 + \frac{1}{2}m(2v)^2$$

식을 정리하면,

$$T + 3V = -W_1 + 4K$$

를 얻는다. A의 에너지에 관해 얻은 두 식을 더해주면, $16T + 6V = 20K$이다.

이를 비슷하게 B에 대해서도 사용하면, 다음의 두 식을 얻고,

$$9T - 6V = W_2 + 3K,$$
$$5T - 6V = -W_2 + 3K$$

두 식을 더해주면 $14T - 12V = 6K$이다. 연립방정식 $16T + 6V = 20K$, $14T - 12V = 6K$을 해결하면 $T = K$, $V = \frac{2}{3}K$이고, 이를 통해 $W_1 = K$, $W_2 = 2K$를 구할 수 있다.

별해. 문제와 크게 관련 없지만 W_2는 다른 방법으로 쉽게 구할 수 있기도 하다. B의 운동을 관찰해보자. 특이하게도 충돌 전과 충돌 후의 속력이 같다. 이를 통해 충돌 직전과 직후 B의 역학적 에너지에는 변화가 없음을 알 수 있다. 즉, 문제에 주어진 상황 속에서 B의 역학적 에너지는 마찰에 의해서만 손실되었음을 알 수 있다. 따라서 $2W_2 = \frac{1}{2}k(3d)^2 - \frac{1}{2}k(\sqrt{5}\,d)^2$, $W_2 = kd^2$이다. 이처럼 특이한 상황을 눈여겨보고 그 상황에 대해 곱씹어보면 계산량을 줄일 수 있기도 하다.

핵심 정리 Note

GRAVITY 3회

해설

1. 정답: ⑤ ㄴ, ㄷ

ㄱ. 철수는 원형의 트랙을 일정한 속력으로 운동하고 있다. 운동 방향이 계속 변하기 때문에 철수의 속도 (속력+방향)는 일정하지 않다.

ㄴ. A에서 B 사이의 거리와 B에서 C 사이의 거리는 같다. 철수는 일정한 속력으로 걷고 있으므로, 동일한 이동 거리를 동일한 속력으로 이동했기 때문에 걸린 시간은 같다.

ㄷ. 변위는 위치의 변화량으로, 처음 위치와 나중 위치만 고려한다. 처음 위치와 나중 위치가 A로 동일하기 때문에 철수의 변위는 0이다.

2. 정답: ① ㄱ

ㄱ. 파동을 약간 오른쪽으로 옮겨서 그려보면 아래와 같이 점 P가 아래로 내려간다. 이는 (나)와 일치하므로 파동은 $+x$로 움직인다.

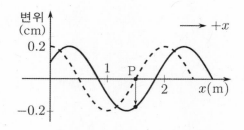

ㄴ. (가)에서 파동의 파장이 2 m 임을 알 수 있고, (나)에서 파동의 주기가 2초임을 알 수 있다. 따라서 파동의 속력은 $\dfrac{2\,\text{m}}{2\,\text{s}} = 1\,\text{m/s}$ 이다.

ㄷ. (가)로부터 파동의 진폭은 0.2 cm 라는 것을 알 수 있다. 아직 물리에서는 단위로 장난친 적은 없으나, 지구과학 같은 경우 가끔식 나와 높은 오답률을 기록하였다. 한번쯤 단위를 체크하라는 의미에서 출제 하였으며, 실제로 물리에서 단위는 매우 중요하다.

3. 정답: ② B

A, C는 파동의 상쇄 간섭의 예이고, B는 보강 간섭의 예이다.

Lecture. 파동의 간섭의 이용 # EBS
1. 소음 제거 헤드폰
헤드폰에 달린 마이크로 외부 소음이 입력되면, 외부 소음과 상쇄 간섭을 일으키는 소리를 발생시켜 소음을 제거한다.
2. 렌즈 코팅
안경 렌즈의 표면에 적당한 두께의 얇은 막을 코팅하면, 코팅면의 윗면에서 반사된 빛과 아랫면에서 반사된 빛이 상쇄 간섭을 일으켜 선명한 시야를 얻을 수 있다.
3. 악기
악기는 보강 간섭을 이용하여 선명하고 일정한 음파를 만든다.
4. 초음파 충격
초음파 발생기에서 발생한 초음파가 결석이 있는 위치에서 보강 간섭하여 결석을 깨뜨린다.

Lecture. 가시광선의 간섭 #교과서
가시광선 영역의 빛이 보강 간섭하면 그 빛의 색이 뚜렷하게 보이고, 상쇄 간섭하면 그 빛의 색은 우리 눈에 보이지 않는다.

4. 정답: ③ $E_1 > E_2 = E_3$

편의상 과정 1 = A→C, 과정 2 = A→B, 과정 3 = B→C로 두자.
먼저, E_1와 E_2의 크기는 쉽게 비교할 수 있다. 과정 1에서 기체의 온도는 일정하게 유지되므로 기체의 내부 에너지 변화량은 없다. 따라서 기체가 받은 열 에너지는 모두 기체가 팽창하는 데 사용된다. 과정 2에서 기체에 출입하는 열량은 0이다. 이 과정에서 기체가 한 일의 양은 기체의 내부 에너지 감소량과 같다. 따라서 기체의 내부 에너지 변화량의 크기는 기체가 한 일의 양이다. E_1와 E_2를 비교하기 위해서 주어진 그래프에서 각각을 둘러싼 넓이(압력×부피 적분값)를 비교하면 된다. 따라서 $E_1 > E_2$임을 알 수 있다.
과정 2, 3을 거친 후와 과정 1을 거친 기체의 부피와 압력이 동일하므로 기체의 온도가 같음을 알 수 있다. 기체의 온도 변화량은 기체의 내부 에너지 변화량으로 볼 수 있다. 이때 과정 1에서 기체의 내부 에너지 변화량은 0이므로 과정 2, 3을 거친 기체의 내부 에너지의 변화량 또한 0이다. 따라서 과정 2에서 감소한 기체의 내부 에너지 변화량과 과정 3에서 증가한 기체의 내부 에너지 변화량은 같고, $E_2 = E_3$이다.

5. 정답: ④ $5m$

A, C의 질량을 각각 m_A, m_C라 하고, 세 물체가 받는 중력의 경사면 성분 크기를 각각 F_a, F_b, F_c라 하자. 실이 모두 연결되어 있을 때 세 물체는 힘의 평형을 이루므로 $F_a = F_b + F_c$이다.

실 p를 끊었을 때의 속력 비는 가속도의 크기 비와 같으므로(동일 시간 동안 이동)

$$3:5 = \frac{F_a}{m_a} : \frac{F_b + F_c}{m + m_c} = \frac{1}{m_a} : \frac{1}{m + m_c} = m + m_c : m_a \Rightarrow 3m_a - 5m_c = 5m$$

마찬가지로 실 q를 끊었을 때의 속력 비는

$$1:3 = \frac{F_a - F_b}{m_a + m} : \frac{F_c}{m_c} = \frac{1}{m_a + m} : \frac{1}{m_c} = m_c : m_a + m \Rightarrow m_a - 3m_c = -m$$

두 식을 연립하면 $m_a = 5m$, $m_c = 2m$ 이다.

6. 정답: ④ ㄴ, ㄷ

ㄱ. 점전하 A, B, C의 극성에 따라 고정되어 있지 않은 세 전하가 정지될지 아닐지가 결정된다. 그러므로 세 점전하의 극성으로 가능한 경우의 수를 나누면 다음과 같다(편의상 A는 양전하로 간주한다).

(1) +, +, +

모두 같은 극일 때 A는 B, C로부터 척력을 받으므로 전기력이 0일 수 없다.

(2) +, +, - (-, +, +인 경우도 대칭적이기 때문에 똑같다. 이는 +, -, -인 경우와 같다.)

이 경우에 C는 A, B로부터 인력을 받으므로 전기력이 0일 수 없다.

(3) +, -, +

이 경우에 A는 B와 C로부터 각각 인력, 척력을 받으므로 전하량만 적절하다면 주어진 조건을 만족할 수 있다. B는 A에 의해 왼쪽으로, C에 의해 오른쪽 서로 다른 방향으로 끌어당기므로 전기력이 0일 수 있다. C도 A와 마찬가지로 해석할 수 있다.

즉, A와 C는 같은 종류의 전하, B는 둘과 다른 종류의 전하를 띨 때 조건을 만족한다.

ㄴ. 이때 B에 가해지는 전기력이 0이기 위해서는 B에 작용하는 두 인력의 크기가 같아야 하므로 A, C의 전하량은 같음을 알 수 있다. 또한 B가 A에 가하는 인력과 C가 A에 가하는 척력의 크기가 같아야 한다. 전하 간 거리의 비가 1:2이므로 전하량의 크기의 비는 1:4이다. 또한, C와 A의 전하량은 동일하므로 A, B, C의 전하량의 크기의 비는 4:1:4이다.

ㄷ. 먼저 C가 받는 전기력의 크기를 계산해보자. 전기력은 거리의 제곱과 반비례하는 동시에 두 전하량의 곱에 비례한다는 것, 즉 (두 전하량의 곱) ÷ (거리의 제곱)을 이용하면 전기력의 크기를 상댓값으로 나타낼 수 있다. 세 점전하의 간격을 1, A와 C의 전하량을 +4로 놓으면 A가 C에 작용하는 전기력은 오른쪽으로 16이다. 한편 B의 전하량은 -1이므로 B가 C에 작용하는 전기력은 오른쪽으로 4이다. 따라서 C에 작용하는 알짜 전기력의 크기는 20이다.

B가 받는 전기력의 크기를 계산해보자. A와 B 사이의 거리는 2, 두 전하량의 곱은 -4이므로 A가 B에 작용하는 전기력은 왼쪽으로 1이다. B와 C 사이의 거리는 1, 두 전하량의 곱은 -4이므로 C가 B에 작용하는 전기력은 왼쪽으로 4이다. 즉 B에 작용하는 알짜 전기력의 크기는 5이다. 따라서 C가 받는 전기력의 크기는 B가 받는 전기력의 크기의 4배이다.

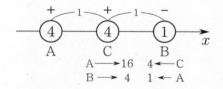

7. 정답: ③ ㄱ, ㄴ

ㄱ. 방출된 전자 수는 P가 더 많으므로 Q에서 단색광 A와 B 중 문턱 진동수를 넘지 못하는 단색광이 있다. 하지만 P에서는 모든 단색광이 문턱 진동수를 넘었으므로 Q의 문턱 진동수가 P의 문턱 진동수보다 높다.

ㄴ. 금속판 Q는 단색광 A나 B 중 하나를 쬐어줄 때 전자를 방출한다. 이때 그림 (나)에서 Q한테 단색광

B를 쬐었더니 전자를 방출하는 결과가 나왔다. 따라서 단색광 B는 문턱 진동수를 넘지만 A는 넘지 못했으므로 단색광 B의 파장이 A보다 짧다.

ㄷ. 초기에 금속박은 양(+)전하나 음(−)전하로 대전되어 있다. 이때 단색광 B를 비추어 전자를 방출시키자 오므라들었다. 따라서 금속박에 전자가 많아 음(−)으로 대전된 상태라 벌어져 있던 것이다. 따라서 검전기는 초기에 음(−)으로 대전되어 있었다.

8. 정답: ③ ㄱ, ㄴ

ㄱ. P, Q는 관측자 A에 대해 정지해 있다. 또한 길이 수축에 의해 관측자 B가 측정한 광원과 P 사이의 거리와 A와 Q 사이의 거리는 고유 거리(A가 측정한 거리)보다 짧다. 한편 B가 측정했을 때 두 거리는 동일한 비율로 수축되므로 B에 대해 어느 거리가 더 짧은지를 알아내도 된다. B는 오른쪽으로 움직이고 있으므로 B가 보았을 때 광원, P, Q는 왼쪽으로 움직인다. 또한 광원에서 방출된 빛이 P, Q에 동시에 도달하는 것을 고려하여 그림을 그리면 다음과 같다(B의 입장에서 그림을 그려야 한다).

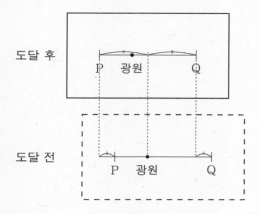

따라서 광원과 P 사이의 거리는 광원과 Q 사이의 거리보다 짧다.

ㄴ. ㄱ의 풀이에서 알 수 있듯이 빛이 방출된 이후 P, Q에 빛이 도달하기까지 움직인 거리가 얼마나 되는지에 따라(즉 우주선의 속력에 따라) 어디에 먼저 빛이 도달하는지, 또는 동시에 도달하는지를 파악할 수 있다. 우주선이 움직이는 효과로 P는 빛이 방출된 위치에서 멀어지고 Q는 빛이 방출된 위치에 가까워지기 때문이다. B가 탄 우주선은 적절한 속력을 가졌기 때문에 P, Q에 빛이 동시에 도달하는 특수한 조건을 만족하게 되었다. 만약 C가 탄 우주선이 B가 탄 우주선보다 느리다면 P는 빛이 방출된 위치에서 덜 멀어지고 Q는 빛이 방출된 위치에 덜 가까워지기 때문에 P에 빛이 먼저 도달할 것이다. 반대로 C가 탄 우주선이 더 빠르다면 P는 빛이 방출된 위치에서 더 멀어지고 Q는 빛이 방출된 위치에 더 가까워지므로 Q에 빛이 먼저 도달할 것이다. 이를 통해 B가 탄 우주선의 속력이 C가 탄 우주선의 속력보다 작다는 것을 알 수 있다.

ㄷ. 두 우주선의 고유 길이가 같으므로 C는 자신이 탄 우주선의 길이(고유 길이)가 B가 탄 우주선의 길이보다 길다고 관측할 것이다.

9. 정답: ③ ㄱ, ㄴ

ㄱ. 먼저 A가 강자성체이고 B가 반자성체라고 해보자. 그렇다면 b에 전류가 흐를 때 B와 b는 서로 척력이 작용하기 때문에 저울의 측정값은 b에 전류가 흐르지 않을 때보다 더 클 것이다. 그렇다면 a에만 전류를 흘렸을 경우에는 B의 측정값이 더 크게 나왔지만, a와 b 모두 전류가 흐를 경우에 A의 측정값이 더 크게 나오는 위의 결과와는 모순이 발생한다. 따라서 A는 반자성체이며 B는 강자성체임을 알 수 있다.

ㄴ. a에만 전류가 흐르는 경우 A는 척력을 받기 때문에 A의 무게와 A가 받는 자기력의 합만큼 저울이 측정할 것이며, B를 측정하고 있는 저울은 B의 무게만 측정한다. 이때, B의 무게가 더 크다는 것을 알 수 있으므로, B의 질량은 A의 질량보다 크다.

ㄷ. A가 받는 자기력의 크기를 A', B가 받는 자기력의 크기를 B'이라 하자. a에 전류가 흐를 때는 A의 측정값이 더 커지며, b에 전류가 흐를 때는 B의 측정값이 더 작아진다. 표에 정리된 결과를 가지고 수식을 작성하면 다음과 같다.

a에만 전류가 흐를 때: A+A'<B

b에만 전류가 흐를 때: B-B'<A

이 때 두 부등식을 더하게 되면 A+B+A'-B'<A+B이므로 A'<B'임을 알 수 있다.

따라서 B가 b에 의해 받는 자기력의 크기는 A가 a에 의해 받는 자기력의 크기보다 크다.

10. 정답: ① ㄱ

ㄱ. (운동량의 변화량) = (충격량) = (힘) × (시간)이므로 0초부터 t초까지 A가 받은 힘이 B가 받은 힘의 3배이다. 따라서 $F_1 = \dfrac{6F}{3} = 2F$이다.

ㄴ. B의 운동량 변화율(=물체가 받는 '순간 힘')은 t초부터 $3t$초까지가 0초부터 t초까지의 $\dfrac{1}{2}$배이다. 따라서 $F_3 = \dfrac{F_1}{2} = F$이다.

ㄷ. $3t$초일 때 두 물체의 속력이 같으므로 질량은 A가 B의 2배이다. 따라서 운동량-시간 그래프를 속도-시간 그래프로 바꾸면 다음과 같다.

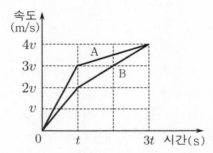

따라서 A가 이동한 거리는 $\dfrac{3}{2}vt + 7vt = \dfrac{17}{2}vt$, B가 이동한 거리는 $vt + 6vt = 7vt$이므로 0~3t 초 동안 물체가 이동한 거리는 A가 B의 $\dfrac{17}{14}$배이다.

11. 정답: ③ ㄱ, ㄷ

ㄱ. EBS 수능특강에서는 광자의 에너지가

라이먼 계열 > 발머 계열 > 파셴 계열

임을 알려주고 있다. 이를 이용하면 c에서 흡수하는 광자의 에너지가 a에서 방출하는 광자의 에너지보다 작다는 것을 알 수 있다. 따라서 c에서 흡수하는 빛의 파장은 a에서 방출하는 빛의 파장보다 길다.

ㄴ. 전자의 양자수 n에 따른 에너지를 E_n이라 하자. $|E_4 - E_3| = |E_4 - E_1| - |E_3 - E_1|$이며 이는 전이 d와 a를 이용하여 계산하면 $|E_4 - E_3| = 0.66\text{eV}$이다. $|E_3 - E_2| = |E_4 - E_2| - |E_4 - E_3|$이며, 전이 c와 $|E_4 - E_3| = 0.66\text{eV}$임을 이용하여 계산하면 $|E_3 - E_2| = 1.89\text{eV}$이다.

ㄷ. 전자가 $n = 4$에서 $n = 2$로 전이할 때 방출되는 빛은 가시광선이다. 따라서 c에서는 가시광선을 흡수

한다. 여기서 한 가지 애매한 점은 전자가 $n=4$에서 $n=2$로 전이할 때 방출되는 빛이 가시광선인 것인지 암기하여야 하는가에 대해 의문이 있을 수 있다. 수능특강에 따르면 전자가 $n \geq 3$인 궤도에서 $n=2$인 궤도로 전이하는 발머 계열에서는 가시광선을 포함하는 영역의 빛을 방출한다고 되어 있다. '선생님 그러면 $n \geq 3$인 궤도에서 $n=2$인 궤도로 전이한 빛이 가시광선이 아닐 수도 있는 것 아닌가요? ㄴ선지 교육과정 안에서 정확히 해결할 수 있는 건가요?'라고 생각할 수 있다. 그 말도 완전 틀린 말은 아니다. 하지만, 2022학년도 수능 5번 문제 ㄴ선지에서는 $n=3$인 궤도에서 $n=2$인 궤도로 전이할 때 방출하는 빛이 가시광선인지를 묻고 있다.

Lecture <라이먼 계열, 발머 계열, 파셴 계열> #수능특강

구분	라이먼 계열	발머 계열	파셴 계열
전자의 전이	전자가 $n \geq 2$인 궤도에서 $n=1$인 궤도로 전이할 때	전자가 $n \geq 3$인 궤도에서 $n=1$인 궤도로 전이할 때	전자가 $n \geq 4$인 궤도에서 $n=3$인 궤도로 전이할 때
방출되는 빛	자외선 영역	가시광선을 포함하는 영역	적외선 영역

(표의 출처는 수능특강이다.)

Lecture <라이먼 계열, 발머 계열, 파셴 계열 에너지 비교>
수능특강에 따르면, 라이먼 계열, 발머 계열, 파셴 계열에서의 에너지 비교는 다음과 같다:
$$\text{라이먼 계열} > \text{발머 계열} > \text{파셴 계열}$$

위의 내용을 한번 증명해 보자. 양자수 n에서 전자의 에너지 $E_n = -\dfrac{R}{n^2}$이라 하자. 라이먼 계열에서 방출되는 광자의 에너지가 가장 작은 전이는 $n=2$에서 $n=1$로 전이할 때이며 이는 $\dfrac{3}{4}R$이다. 발머 계열에서 방출되는 광자의 에너지가 가장 큰 전이는 $n=\infty$에서 $n=2$로 전이할 때이며 이는 $\dfrac{1}{4}R$이다.

혹시나 독자가 오개념이 생길 수 있어 한가지만 더 이야기하자면, 자연수 m에 대해 $n > m$에서 $n = m$으로 전이할 때 방출 가능한 광자의 에너지가 $n > m+1$에서 $n = m+1$으로 전이할 때 방출 가능한 광자의 에너지보다 큰 것은 아니다. 앞의 사실은 수학적으로 쉽게 증명할 수 있다. 내가 찾은 몇몇 예시들은 다음과 같으며 각 줄은 '전자의 전이: 방출되는 광자의 에너지, 전자의 전이: 방출되는 광자의 에너지' 형식이다.

```
4->3: 0.6614eV,   9->4: 0.6824eV
4->3: 0.6614eV,   10->4: 0.7143eV
5->4: 0.3061eV,   8->5: 0.3316eV
5->4: 0.3061eV,   9->5: 0.3763eV
5->4: 0.3061eV,   10->5: 0.4082eV
6->5: 0.1663eV,   9->6: 0.2100eV
6->5: 0.1663eV,   10->6: 0.2419eV
7->6: 0.1003eV,   9->7: 0.1097eV
7->6: 0.1003eV,   10->7: 0.1416eV
8->7: 0.0651eV,   10->8: 0.0765eV
```

Lecture <발머 계열과 가시광선>

수능특가에서 발머 계열에 해당하는 빛은 가시광선을 포함하는 영역이라 되어 있는데 발머 계열의 경우 자외선 영역도 포함하고 있다. 예를 들어 $n=9$ 에서 $n=2$ 로 전이하면 자외선에 해당하는 빛을 방출한다. 다음 표는 발머 계열에서 방출되는 빛에 대한 정보이다.

전이	파장(nm)	
3->2	656.279	가시광선
4->2	486.135	가시광선
5->2	434.0472	가시광선
6->2	410.1734	가시광선
7->2	397.0075	자외선
8->2	388.9064	자외선
9->2	383.5397	자외선
∞ ->2	364.6	자외선

보어 원자 모형에서 발머 계열에서 방출되는 빛
(출처. 위키피디아 balmer series)

12. 정답: ③ ㄱ, ㄴ

ㄱ. 4초일 때는 자기장의 세기가 일정하므로 전류가 흐르지 않는다.

ㄴ. 2~3초에서 감소하는 자기장의 세기는 5~6초에서 증가하는 자기장의 세기의 2배다. 같은 시간 동안 자기장의 변화량이 2배이므로 유도 전류의 세기 역시 2배이다.

ㄷ. 6~9초일 때 자기장의 세기에는 변화가 없다. 그러나 금속 고리의 반지름을 일정한 속도로 줄여나간다면 고리 내부의 면적이 감소하므로 통과하는 자기장이 줄어들게 된다. 그렇다면 이를 상쇄하기 위해 수직으로 들어가는 방향의 자기장이 유도되고, 이는 시계 방향의 유도 전류를 형성한다.

13. 정답: ④ 6

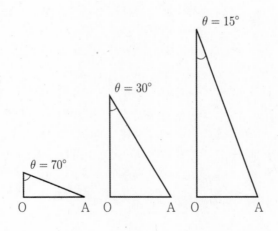

원점 O에서 y축을 따라 위로 올라갈수록/아래로 내려갈수록 두 파원과의 경로차는 점점 줄어들며 0에 가까워진다. ($\lim_{\theta \to 0+} \cos\theta = 1$)

따라서 y축 상에서 두 파원과의 경로차는 0보다 크고, 3λ 보다 작거나 같다.

상쇄 간섭은 두 파원과의 경로차가 파동의 파장 λ의 $\frac{1}{2}$배, $\frac{3}{2}$배, $\frac{5}{2}$배, ...인 지점에서 일어나므로 y축 상에서 상쇄 간섭이 일어나는 지점은 $+y$ 쪽에서 세 곳, $-y$ 쪽에서 세 곳, 도합 여섯 곳이다.

14. 정답: ⑤ ㄱ, ㄷ

ㄱ. LED와 C에 동시에 전류가 흘러야 하므로, 이때 가능한 전류의 경로는 다음과 같다.

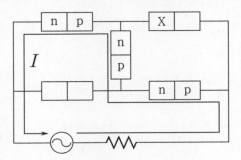

전류가 반대로 흐르려면 경로는 다음과 같아야 한다.

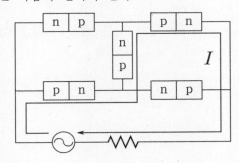

따라서 X는 p형 반도체이다.

ㄴ. LED를 구성하는 반도체의 에너지 준위 차이는 고정되어 있기 때문에 하나의 LED에서는 한 가지 색 빛만을 방출한다(적어도 빨간색과 파란색을 하나의 LED로 커버할 수는 없다).

※ 여러 색을 방출하는 LED(다색 LED)는 내부에 LED를 3개(R, G, B) 탑재한다.

ㄷ. p형 반도체에 있는 양공이 p-n 접합면 쪽으로 이동한다는 것은 곧 C에 순방향 전압이 인가된다는 뜻이다. ㄱ의 두 그림에서 알 수 있듯이 전류는 언제나 C를 지나므로 C에는 항상 순방향 전압이 인가된다.

15. 정답: ① ㄱ

Lecture <1차원 탄성 충돌과 반발계수>

수능 물리1에서의 충돌은 모두 1차원만을 다루므로, 이 글에서 의미하는 충돌은 모두 1차원 충돌만을 의미한다. 충돌은 충돌 전후 에너지가 보존되는지의 여부에 따라 탄성 충돌과 비탄성 충돌로 구분할 수 있다. 충돌 중 아주 특수하면서도 이상적인 충돌이라고 할 수 있는 탄성 충돌은 충돌 직후 두 물체의 운동 에너지 합이 보존된다.

두 물체 A, B가 충돌할 때 충돌 전 A에 대한 B의 상대 속도(A가 바라보는 B의 속도)를 v_{bef}, 충돌 후 A에 대한 B의 상대 속도를 v_{aft}라고 하자. 이때 반발 계의 절댓값을 아래와 같이 정의한다.

$$|e| = \left| \frac{v_{aft}}{v_{bef}} \right|$$

탄성 충돌에서는 $|e| = \left| \dfrac{v_{aft}}{v_{bef}} \right| = 1$이 성립한다.

Lecture <1차원에서 상대 속도, 상대 변위>
두 물체 A와 B가 x축 위에서 가속도가 같거나 없는 등가속도 운동을 하고 있다고 하자.
A의 입장에서 보면 B의 가속도는 0이다.
A가 본 B의 속도를 상대 속도, A가 본 B의 변위를 상대 변위라고 이름 짓자.
아래와 같이 두 상황이 주어졌다고 할 때, 상대 속도를 이용하면 계산을 더 빠르게 할 수 있다.
상황 1: A의 속도는 v_1, B의 속도는 v_2
상황 2: 상황 1로부터 t_1초 후
상황 1, 2에서 각각 B의 x좌표에서 A의 x좌표를 뺀 값을 x_1, x_2라고 하면 다음이 성립한다.

$$x_2 - x_1 = (v_2 - v_1)t_1$$

여기서 $x_2 - x_1$이 A가 본 B의 변위, $v_2 - v_1$이 A가 본 B의 속도임을 생각해본다면, 공식을 보다 직관적으로 느낄 수 있다.

sol.
ㄱ. A와 B의 충돌은 탄성 충돌이므로 충돌 이후 B에 대한 A의 상대 속도는 멀어지는 방향으로 $6v$이다. 오른쪽 방향을 양(+)으로 놓으면 충돌 후 A의 속력을 v_{a1}, B의 속력을 v_{a1}이라 했을 때 운동량 보존 법칙에 의해 $6mv = mv_{a1} + 3mv_{b1}$, 탄성 충돌의 성질에 의해 $v_{b1} - v_{a1} = 6v$이고, 두 식을 연립하면 $v_{a1} = -3v$, $v_{b1} = 3v$이다.

ㄴ. $2t$초일 때 A와 C의 거리는 (A가 t초 동안 이동한 거리) + (B가 t초 동안 이동한 거리)이므로 $3L = 3vt + 3vt = 6vt \Rightarrow L = 2vt$이다.

※ $2t$초부터 $4t$초까지 A가 이동한 거리는 $6vt$이다. 충돌 후 C는 오른쪽으로 움직이므로 $2t$초부터 $4t$초까지 두 물체가 벌어진 정도 $5L > 6vt$이므로 $L > vt$이다.

ㄷ. B가 A로부터 받은 충격량의 크기는 $3m \times 3v = 9mv$이다. $4t$초일 때 A와 C의 거리가 $8L$이므로 C의 속력을 v_c라 하면 Lecture <1차원에서 상대 속도, 상대 변위>에 의해 $8L = 3L + (3v + v_c) \times 2t$이고 $v_c = 2v$이다. 따라서 B가 C로부터 받은 충격량의 크기, 즉 C가 B로부터 받은 충격량의 크기는 $6m \times 2v = 12mv$이다. 따라서 B가 A로부터 받은 충격량의 크기는 C로부터 받은 충격량의 크기의 $\dfrac{3}{4}$배이다.

16. 정답: ⑤ $21 : 4$
그림 (가)에서 물체 A, B, C가 힘의 평형을 이루고 있으므로 A에 작용하는 알짜힘은 0이다. 용수철은 A를 $50 \times 0.1 = 5\,\text{N}$의 힘으로 당기고, B, C의 무게는 $2 \times 10 = 20\,\text{N}$이므로 A가 받는 중력의 빗면 방향 성분은 $15\,\text{N}$이다.
한편 용수철, A, B를 하나의 계로 보면 실을 끊기 전과 후에 에너지 보존 법칙이 성립한다. 따라서
(1)용수철이 원래 길이에서 $0.1\,\text{m}$ 늘어났을 때에서 (2)용수철이 원래 길이에서 $0.05\,\text{m}$ 늘어났을 때
Δ(중력 퍼텐셜 에너지 + 운동 에너지 + 탄성 퍼텐셜 에너지) = 0이 성립한다.

Δ(중력 퍼텐셜 에너지)

$= \Delta$(A의 빗면 방향의 중력 퍼텐셜 에너지 + B의 중력 퍼텐셜 에너지)

$= -0.05 \times 15 + 10 \times 0.05 = -0.25,$

Δ(운동 에너지)

$= \Delta$(A의 운동 에너지 + B의 운동 에너지)

$= \frac{1}{2} \times 3 \times v^2 + \frac{1}{2} \times 1 \times v^2 = 2v^2,$

Δ(탄성 퍼텐셜 에너지)

$= \frac{1}{2} \times 50 \times (0.05^2 - 0.1^2) = -\frac{3}{16}$

따라서

$$-0.25 + 2v^2 - \frac{3}{16} = 0 \Rightarrow v^2 = \frac{7}{32} \text{이다.}$$

(나)에서 A의 운동 에너지는 $\frac{21}{64}$ J, 용수철의 탄성 퍼텐셜 에너지는 $\frac{1}{16}$ J이므로 A의 운동 에너지는 용수철의 탄성 퍼텐셜 에너지의 $\frac{21}{4}$ 배이다.

17. 정답: ③ $\frac{32}{3}mg$

A, B, C가 모두 연결되어 있을 때 세 물체와 실로 이루어진 계는 C 쪽으로 $3mg$의 알짜힘을 받는다. 따라서 이때 B의 가속도는 오른쪽으로 $\frac{3mg}{5m+M}$ 이다.

B가 a-b구간을 이동하는 동안 B, C와 실로 이루어진 계는 C 쪽으로 $4mg$의 알짜힘을 받는다. 따라서 이때 B의 가속도는 오른쪽으로 $\frac{4mg}{4m+M}$ 이다.

(B가 a에서 b까지 이동하는 데 걸린 시간) = (B가 b에서 c까지 이동하는 데 걸린 시간) = t 라 하면 등가속도 운동 공식에 의해

$$2L = \frac{1}{2} \times \frac{3mg}{5m+M} \times t^2 \text{이고 } 7L = \frac{3mg}{5m+M} \times t^2 + \frac{1}{2} \times \frac{4mg}{4m+M} \times t^2 \text{이다.}$$

두 식을 연립하면 $M = 4m$ 이다.

점 c에서 B의 속력은 $\frac{3mg}{5m+4m}t + \frac{4mg}{4m+4m}t = \frac{5}{6}gt = \frac{5}{6}g \times \sqrt{\frac{12L}{g}} = \frac{5}{3}\sqrt{3gL}$ 이고 B가 c-d 구간을 지날 때 받는 알짜힘은 $\frac{f-4mg}{4m+4m} \times 4m = \frac{f-4mg}{2}$ 이므로 등가속도 운동 공식에 의해

$$2 \times \frac{f-4mg}{2 \times 4m} \times 5L = \frac{25}{3}gL \Rightarrow f = \frac{32}{3}mg \text{이다.}$$

18. 정답: ⑤ ㄱ, ㄴ, ㄷ

ㄱ. 단색광은 매질 Ⅰ에서 공기로 진행할 때 전반사한다. 전반사는 임계각보다 입사각이 클 때 일어난다.

ㄴ. (매질 Ⅰ에 대한 Ⅱ의 상대 굴절률) $= \frac{n_2}{n_1}$ (n_1: 매질 Ⅰ의 굴절률, n_2: 매질 Ⅱ의 굴절률) 이므로 보기는 '매질 Ⅱ의 굴절률이 Ⅰ보다 크다'와 동치이다.

단색광이 Ⅰ에서 Ⅱ로 입사할 때 안쪽으로 꺾이므로(입사각보다 굴절각이 작으므로) 매질 Ⅱ의 굴절률

은 Ⅰ보다 크다.

ㄷ. 이를 알기 위해서는 '공기에 대한 매질 Ⅱ의 상대 굴절률($= n_{02}$)'을 알아야 한다. n_{02}는 '공기에 대한 매질 Ⅰ의 상대 굴절률($= n_{01}$)'과 '매질 Ⅰ에 대한 Ⅱ의 상대 굴절률($= n_{12}$)'을 이용하면 계산할 수 있다.

$n_{01} = \dfrac{n_1}{n_0}$ (n_0: 공기의 굴절률)인데, 단색광이 매질 Ⅰ에서 공기로 진행할 때 전반사하려면

$n_{01} = \dfrac{\sin 90°}{\sin \theta_{01}} > \dfrac{\sin 90°}{\sin 60°} = \dfrac{2}{\sqrt{3}}$ 여야 한다.

(θ_{01}: 단색광이 매질 Ⅰ에서 공기로 진행할 때의 임계각)

또한

$n_{12} = \dfrac{n_2}{n_1} = \dfrac{\sin 60°}{\sin 30°} = \sqrt{3}$ 이므로,

$n_{02} = \dfrac{n_2}{n_0} = \dfrac{n_2}{n_1} \times \dfrac{n_1}{n_0} = n_{12} \times n_{01} > \sqrt{3} \times \dfrac{2}{\sqrt{3}} = 2$ 이다.

한편, 단색광이 매질 Ⅱ에서 공기로 진행할 때 전반사하려면 $n_{02} = \dfrac{\sin 90°}{\sin \theta_{02}} > \dfrac{\sin 90°}{\sin 30°} = 2$ 여야 한다. (θ_{02}: 단색광이 매질 Ⅱ에서 공기로 진행할 때의 임계각)

따라서 단색광은 매질 Ⅱ에서 공기로 진행할 때 전반사한다.

19. 정답: ③ ㄱ, ㄴ

Lecture <전류에 의한 자기장 - 변화량에 의한 풀이법>

좌표평면에 n개의 도선 $w_1, \cdots, w_n$이 있다고 하자.

상황 1에서는 각 도선에 $i_1, \cdots, i_n$의 전류가 흐르고 있다(전류의 방향은 부호로 구분해준다). 이때 점 P에서 자기장이 B_1이라고 하자(자기장의 방향은 부호로 구분해준다).

상황 2에서는 도선 w_1에 흐르는 전류가 i_1'로 바뀌었다고 하자. 즉 각 도선에 흐르는 전류는 $i_1', i_2, i_3, \cdots, i_n$이다. 이때 점 P에서 자기장이 B_2라고 하자.

이렇게 물리적인 상황이 주어졌을 때, 앙페르 법칙을 각 상황에 대해 적용하는 것도 좋은 방법이다. 하지만, 상황 1에서 상황 2로 변하게 되면, 변하게 되는 값만을 이용하여 식을 적으면, 시간을 절약할 수 있다. 더불어, 샤프심 또한 절약할 수 있다..

상황 1 → 상황 2로 변하는 것은 도선 w_1에 흐르는 전류와 점 P에서의 자기장이다. 이를 이용하면,

$$k\dfrac{i_1'}{r_1} - k\dfrac{i_1}{r_1} = B_2 - B_1$$

을 얻을 수 있다.

ㄱ. t_1일 때와 비교해서 t_2일 때는 O에서 A에 의해 xy평면에 수직으로 들어가는 방향의 자기장이 강해지고, B에 의해 xy평면에 수직으로 나오는 방향의 자기장이 약해지므로, 종합적으로 xy평면에 수직으로 들어가는 방향의 자기장이 더해진다. 그러므로 O에서 세 도선에 의한 자기장의 방향은 t_1일 때 xy평면에서 수직으로 나오는 방향이고, t_2일 때 xy평면에 수직으로 들어가는 방향이다.

ㄴ. t_2일 때, O에서 세 도선에 의한 자기장은 xy평면에 수직으로 들어가는 방향으로 B_0이다. 여기서 B가 만드는 xy평면에 수직으로 나오는 방향의 자기장을 빼면 A, C에 의한 자기장의 세기는 B_0보다 크다.

ㄷ. C에 흐르는 전류의 방향을 $+y$라고 가정하자. t_1일 때 O에서 A, B, C가 만들어내는 자기장의 세기를

각각 a_1, b_1, c_1이라고 하고, t_2일 때는 각각 a_2, b_2, c_2라고 하자. xy평면에서 수직으로 나오는 방향이 $(+)$라면 t_1, t_2일 때 자기장은 각각 $b_1 + c_1 - a_1$, $b_2 + c_2 - a_2$이다. t_1, t_2일 때 O에서 자기장은 크기는 같고 방향은 반대이므로

$$(b_1 + c_1 - a_1) + (b_2 + c_2 - a_2) = (b_1 + b_2) - (a_1 + a_2) + (c_1 + c_2) = 0 \cdots \text{㉠}$$

이 되어야 한다.

이때, 원형 도선에 의한 자기장은 원형 도선에 흐르는 전류의 세기가 같을 때 원형 도선의 반지름이 클수록 작아지므로 $b_1 > a_2$, $b_2 > a_1$이고 따라서 $b_1 + b_2 > a_1 + a_2$이다. 그러므로

$$(b_1 + b_2) - (a_1 + a_2) + (c_1 + c_2) > 0 \cdots \text{㉡}$$

이 되는데 ㉠과 ㉡이 모순이므로 C에는 $-y$ 방향의 전류가 흐른다.

20. 정답: ③ $\dfrac{\sqrt{10}}{2}v_0$

물체가 a에서 b까지 운동할 때와 d에서 f까지 운동하는 동안에 역학적 에너지는 보존되므로 이를 식으로 쓰면 다음과 같다. $\frac{1}{2}mv_0 + 9mgh = mv^2 + 5mgh$, $2mv_0^2 = \frac{1}{2}mv^2 + 5mgh$. 위 두 식을 연립하면 다음과 같은 식을 얻을 수 있다. $mv_0^2 = 4mgh \cdots (1)$, $mv^2 = 6mgh \cdots (2)$.

또한 물체가 b에서 d로 운동하는 동안의 운동을 분석하면 다음과 같다. $mv^2 + 5mgh - 3E = 2mv_0^2$이를 식 (1),(2)를 이용하여 정리하면 $11mgh - 3E = 8mgh$, $E = mgh$라는 결과를 얻을 수 있다. 마찰 구간 Ⅰ에서 등속도 운동하며 $2E$만큼의 역학적 에너지가 감소했으므로 b와 c 사이 높이 차가 $2h$인 것을 알 수 있으며 c와 e의 높이가 $3h$인 것을 알 수 있다. 이제 물체가 d에서 e까지 운동하는 동안 역학적 에너지가 보존되었다는 것을 사용하면 다음과 같이 식을 세울 수 있다. $2mv_0^2 = 8mgh = E_k + 3mgh$, $5mgh = \frac{5}{4}mv_0^2$이다.

$\frac{5}{4}mv_0^2 = \frac{1}{2} \cdot m \cdot (\frac{\sqrt{10}}{2}v)^2$, 즉 e에서 물체의 속력은 $\frac{\sqrt{10}}{2}v_0$이다.

핵심 정리 Note

GRAVITY 4회

해설

1. 정답: ① ㄱ

ㄱ. A의 에너지 준위는 B보다 낮기 때문에 A는 원자가 띠, B는 전도띠이다.

ㄴ. A는 원자가 띠이기 때문에 속박 전자로 채워져 있다.

ㄷ. 설명은 고체 원자의 에너지띠에 대한 설명이다. 기체 원자의 경우 원자들끼리 서로 멀리 떨어져 있어 원자의 에너지 준위가 독립적이다. 반면 고체는 원자들 사이의 간격이 가까워 인접한 원자들이 서로의 에너지 준위에 영향을 주어 띠 모양의 에너지 준위를 가진다.

Lecture <에너지띠> #교과서

멀리 떨어져 있는 원자들은 서로 영향을 주지 않기 때문에 같은 종류의 원자는 에너지 준위 분포가 같다. 그런데 원자 사이의 거리가 점점 가까워지면 파울리 배타 원리에 의해 인접해 있는 원자들이 서로의 전자가 가질 수 있는 에너지(에너지 준위)에 영향을 주게 되어 에너지 준위에 변화가 생긴다. 고체의 내부에는 많은 원자가 매우 가깝게 존재하므로 고체 내부의 원자는 연속적인 띠 모양의 에너지 준위를 가지게 되며, 이를 **에너지띠**라고 한다.

원자의 가장 바깥쪽에 해당하는 원자가 띠에 있는 전자가 전도띠로 전이할 수 있는 만큼 충분한 에너지를 얻으면 전자는 전도띠로 이동하여 자유롭게 움직이는 **자유전자**가 된다.

2. 정답: ④ $\sqrt{3}$

Ⅰ에 대한 Ⅱ의 상대 굴절률은 $\dfrac{\sin 60°}{\sin 45°} = \dfrac{\sqrt{3}}{\sqrt{2}}$, Ⅱ에 대한 Ⅲ의 상대 굴절률은 $\sqrt{2}$ 이므로 Ⅰ에 대한 Ⅲ의 상대 굴절률은 $\dfrac{\sqrt{3}}{\sqrt{2}} \times \sqrt{2} = \sqrt{3}$ 이다.

Note. 그림에서 매질 Ⅱ를 제거하면 다음과 같다. 이는 일반적으로 성립한다.

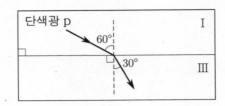

3. 정답: ① ㄱ

ㄱ. t_a일 때 광선 X의 진동수는 $\frac{c}{\lambda}$이다. 이때 전자가 검출되므로 금속판 a, b, c의 문턱 진동수는 $\frac{c}{\lambda}$보다 작다.

    금속판의 문턱 진동수가 $\frac{c}{\lambda}$라면 t_a일 때 전자는 금속 원자에서 탈출하지만, 운동 에너지가 없어 주변으로 이동하지 못한다.

ㄴ. 전자가 검출된 시각이 $t_c > t_a > t_b$이다. 이때 시간이 지날수록 광선의 파장이 짧아지므로 t_c일 때 색 필터 C는 파장이 가장 짧은 빛인 파란색을 투과시키고 t_b일 때 색 필터 B는 파장이 가장 긴 빛인 빨간색을 투과시킨다. 따라서 B는 빨강 필터, C는 파랑 필터이다.

ㄷ. 광선 X는 계속 파장이 변한다. t_c일 때 광선 X는 빨강, 초록 성분이 없는 파란색 단색광이므로 금속판 c에서만 전자가 방출된다.

4. 정답: ② ㄷ

ㄱ. (다)보다 (라)에서 자기 선속의 변화가 빠르므로 코일에 흐르는 전류가 세다. 따라서 전구는 (라)에서 더 밝다.

ㄴ. (다)보다 (라)에서 자기 선속의 변화가 빠르므로 코일에 흐르는 전류가 세다. 따라서 코일과 자석 간 자기력은 (라)에서 크고, 렌츠 법칙에 의해 그 방향은 서로를 밀어내는 방향이다. 따라서 코일이 자석을 아래쪽으로 미는 힘은 (라)에서 더 크므로 저울의 눈금 또한 (라)에서 더 크다.

ㄷ. 코일 안쪽의 자기장이 시간이 지날수록 위쪽으로 세지므로 렌츠 법칙에 의해 아래쪽을 향하는 유도 자기장이 생성된다.

5. 정답: ④ ㄴ, ㄷ

ㄱ. A는 등속도 운동, B는 속도가 계속 증가하는 운동을 한다. 따라서 두 물체의 속력이 같아지는 시점은 최대 한 번($\frac{T}{4}$초)이다.

ㄴ. 0초부터 $\frac{T}{2}$초까지 A와 B의 이동 거리가 같고, $\frac{T}{2}$초부터 T초까지 평균 속도는 B가 A보다 더 크므로 총 이동 거리는 B가 A보다 길다.

ㄷ. $\frac{T}{2}$초일 때 B의 속력을 v라 하자. 0초부터 $\frac{T}{2}$초까지 A와 B의 이동 거리가 같으므로 이 시간 동안 두 물체의 평균 속력은 같다. 0초부터 $\frac{T}{2}$초까지 B의 평균 속력은 $\frac{v}{2}$이므로 (A의 평균 속력) = (A의 속력) = $\frac{v}{2}$이다. 따라서 $\frac{T}{2}$초일 때 B의 속력이 더 빠르다.

6. 정답: ④ ㄴ, ㄷ

ㄱ. (가)는 수소를 이용한 핵융합 반응이다. 현존하는 원자력 발전소는 핵분열 반응을 이용한다.

ㄴ. (나)에서 질량 결손에 의해 에너지가 방출된다.

ㄷ. 핵반응을 통해 생성된 에너지가 (나)보다 (가)에서 더 크므로,

$M_2 + M_3 - M_5 - m > 2M_2 - M_4 - m$이다. 이를 정리하면, $M_3 + M_4 > M_2 + M_5$ 이다.

7. 정답: ① ㄱ

ㄱ. 소리와 P파는 종파이고, S파는 횡파이다.

ㄴ. 스피커는 진동판이 전자석의 자력에 의해 끌리거나 밀려나면서 소리를 낸다. 이는 전류의 자기 작용('도선에 전류가 흐르면 도선 주변에 자기장이 생긴다')으로 설명할 수 있다. 전자기 유도 법칙('자기장의 변화가 전류를 만든다')과는 관련이 없다.

ㄷ. S파는 지구 중심으로 가면서 그림과 같이 바깥쪽으로 굴절하므로 스넬 법칙에 의해 S파는 중심으로 갈수록 빨라진다.

8. 정답: ① ㄱ

ㄱ. A는 원자 자석이다.

ㄴ. B는 반자성체이다.

ㄷ. 전자는 음(-)전하를 띠므로 전자의 운동에 의한 전류의 방향은 운동 방향의 반대이다.

9. 정답: ③ $5t$

<탄성 퍼텐셜 에너지의 정의 $E = \frac{1}{2}kx^2$>에 의해 용수철을 $11x$ 만큼 압축시켰을 때와 $14x$ 만큼 압축시켰을 때의 탄성 퍼텐셜 에너지의 비는 $11^2 : 14^2 = 121 : 196$ 이다.

또한 구간 A를 지날 때 속력의 비는 <속도의 정의 $v = \frac{\triangle s}{\triangle t}$>에 따라 $2 : 1$ 이다. 따라서 <운동 에너지의 정의 $K = \frac{1}{2}mv^2$>에 의해 운동 에너지의 비는 $4 : 1$ 이다.

동일한 물체가 같은 높이의 빗면을 올라갔으므로 <중력 퍼텐셜 에너지의 정의 $U = mgh$>에 의해 감소한 중력 퍼텐셜 에너지는 일정하다. 계산의 편의를 위하여 용수철의 퍼텐셜 에너지를 각각 121 과 196, 운동 에너지를 각각 K, $4K$라 하자. <역학적 에너지 보존 법칙>에 의해 등식을 세우면

$$121 - K = 196 - 4K \Rightarrow K = 25 \text{ 이고}$$

따라서 감소한 중력 퍼텐셜 에너지는 $121 - K = 96$ 이다.

용수철이 $10x$ 만큼 압축되었을 때 탄성 퍼텐셜 에너지는 100 이므로 물체가 구간 A에 도달했을 때 물체의 운동 에너지는 $100 - 96 = 4$ 이다. $K = 25$ 이므로 용수철을 $10x$ 만큼 압축시킨 경우와 $14x$ 만큼 압축시킨 경우를 비교했을 때 구간 A에서 물체의 운동 에너지의 비는 $4 : 4K = 1 : 25$ 이다. 따라서 <운동 에너지의 정의 $K = \frac{1}{2}mv^2$>에 의해 속도의 비는 $1 : 5$ 이다. 용수철을 $14x$ 만큼 압축시켰을 때 물체가 구간 A를 통과하는 데 걸리는 시간이 t이므로 용수철을 $10x$ 만큼 압축시켰을 때 물체가 구간 A를 통과하는 데 걸리는 시간은 $5t$ 이다.

10. 정답: ③ ㄱ, ㄴ

ㄱ. 종파이므로 파동의 진행 방향(여기서는 오른쪽)과 매질의 진동 방향(여기서는 오른쪽, 왼쪽)은 평행하다.

ㄴ. 1초부터 3초까지 p의 이동 거리는 $10 - (-10) = 20\,\text{cm}$ 이므로 p의 평균 속력은 $\dfrac{20}{2} = 10\,\text{cm/s}$ 이다.

ㄷ. 0초부터 4초까지 p의 변위는 $0 \to 10\,\text{cm} \to 0 \to -10\,\text{cm} \to 0$으로 변하므로 p의 이동 거리는 $10 \times 4 = 40\,[\text{cm}]$ 이다. 따라서 이때 p의 평균 속력은 $\dfrac{40}{4} = 10\,\text{cm/s}$ 이다.

한편, 파동의 파장은 발문에서 알 수 있듯이 $50\,\text{cm}$ 이고, 주기는 (나)에서 알 수 있듯이 4초이다. 따라서 파동의 진동수는 $\dfrac{1}{4}\,\text{hz}$ 이고, 속력은 $50 \times \dfrac{1}{4} = \dfrac{25}{2} = 12.5\,\text{cm/s}$ 이다.

11. 정답: ③ ㄱ, ㄴ

ㄱ, ㄴ. 두 파동을 1m씩 옮겨 보면서 합성파의 모습을 그려 보자. 파동의 중첩성에 의해 $\dfrac{7}{v}$, $\dfrac{11}{v}$, $\dfrac{15}{v}$, ...초마다 ㄱ과 같은 상황이 반복되고, $\dfrac{4}{v}$, $\dfrac{8}{v}$, $\dfrac{12}{v}$, ...초마다 ㄴ과 같은 상황이 반복되는 것을 알 수 있다.

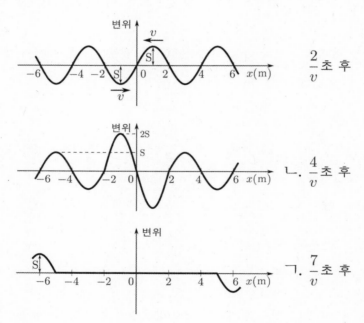

ㄷ. 두 파동을 1m씩 옮기다 보면 원점에서는 항상 크기는 같고 부호는 다른 두 변위가 만나 합성파의 변위가 0이 된다는 것을 알 수 있다. 그러나 ㄷ은 원점에서 합성파의 변위가 0이 아니므로 존재할 수 없는 모습이다.

Note. 정상파: 파장, 진동수, 진폭이 같은 파동이 서로 반대 방향으로 진행하여 중첩될 때, 합성파는 마치 정지한 상태에서 진동하는 것처럼 보인다. 이를 **정상파**라고 한다. 이때 변위가 최대(원래 파동의 진폭의 2배)가 되는 곳을 **배**(이 문제에서는 -3, -1, 1, 3, ...), 진동하지 않는 곳을 **마디**(이 문제에서는 -2, 0, 2, ...)라고 한다. 정상파에서 이웃한 마디와 마디 사이의 간격, 배와 배 사이의 간격은 원래 파동의 파장의 $\dfrac{1}{2}$ 배이다.

따라서 위 문제는 다음과 같이 풀 수도 있다.

먼저 두 파동을 옮기다 보면 원점이 마디라는 것을 알 수 있다. 원래 파동의 파장은 4m이므로 마디와 마디 사이의 간격은 2m이다. 따라서 ㄱ과 ㄴ은 가능한 모습이고, ㄷ은 불가능한 모습이다.

12. 정답: ① ㄱ

ㄱ. a만 닫았을 때 LED가 1개 이상 켜졌으므로 A는 순방향이다(A가 역방향이면 회로 전체에 전류가 흐르지 않는다). 만약 B가 역방향, C가 순방향이면 과정 (다)에서 켜지는 LED가 최소 2개 이상이어야 한다. 따라서 C가 역방향, B가 순방향이므로 (−)극인 X가 n형 반도체이다.

ㄴ. 과정 (다)에서 C는 역방향이므로 켜지지 않는다. 따라서 D가 켜져야 하므로 D는 순방향이다. 과정 (라)에서 LED를 각각 바꾸면 C가 역방향이므로 A, C, D에는 전류가 흐르지 않고 B에만 전류가 흐르게 된다. 따라서 ㉠은 1이다.

ㄷ. 과정 (라)에서 극의 방향을 바꾸면, C만 순방향이 된다. 이때 A, B, D는 역방향이므로 C에도 전류는 흐르지 않고, 따라서 불이 켜지는 LED는 없다.

13. 정답: ⑤ ㄱ, ㄴ, ㄷ

ㄱ. (가)에서 D를 떼어낸 후 (나)에서 B에 작용하는 전기력의 방향이 $-x$방향이다. 그리고 (나)는 (가)에서 D를 떼어내고 A, B, C를 거꾸로 뒤집어 놓은 것과 같으므로 (나)에서 A, B, C를 거꾸로 뒤집어 놓으면 B에 작용하는 전기력의 방향이 $+x$방향이 된다. 여기에 D를 $x = 3d$위치에 고정시키면 B에 작용하는 전기력이 0이 되어야 하므로 B와 D사이에는 서로 밀어내는 방향으로 전기력이 작용해야 하기 때문에 B와 D는 같은 종류의 전하이다.

ㄴ. (가)에서 D에 작용하는 전기력의 방향이 $-x$방향인데 B가 D에 작용하는 전기력의 방향이 $+x$방향이므로 A와 C를 하나의 계로 봤을 때 이 계가 B에 작용하는 전기력의 방향은 $-x$방향이어야 한다. 모든 조건을 만족하는 점전하들의 종류를 표로 정리하면 다음과 같다.

	A	B	C	D
(1)	(+)	(−)	(+)	(−)
(2)	(−)	(+)	(−)	(+)

A와 C는 같은 종류의 전하이고 (나)에서 B에 작용하는 전기력의 방향이 $-x$방향이므로 전하량의 크기는 C가 A보다 커야한다.

ㄷ. A, B, C의 전하량의 크기를 각각 Q, Q_B, Q_C라고 하자. (가)에서 B에 작용하는 전기력이 0이므로 $Q + \frac{5}{4}Q = \frac{5}{4}Q = Q_C \cdots$ (1) 이다. 그리고 (가)에서 D와 (나)에서 B에는 크기와 방향이 같은

전기력이 작용하므로 $\frac{Q^2}{9} + Q_C Q - \frac{QQ_B}{4} = Q_C Q_B - QQ_B \cdots$ (2)이다. 식 (2)에 식 (1)을 대입하면

$\frac{Q^2}{9} + \frac{5}{4}Q^2 = \frac{1}{2}QQ_B$이므로 $Q_B = \frac{2}{9}Q + \frac{5}{2}Q \cdots$ (?)이다. (나)에서 A에 작용하는 전기력의 방향을

알아보기 위해선 C와 B가 각각 A에 작용하는 전기력을 비교해야 하므로 Q_B와 $\frac{Q_C}{4}$를 비교하면 된다.

앞서 구한 식(1)과 (3)을 이용하면 Q_B가 $\frac{Q_C}{4}$보다 크다는 사실을 알 수 있다. B가 A에 작용하는 전기력의 크기가 더 크므로 B가 A에 작용하는 전기력의 방향이 B와 C가 A에 작용하는 전기력의 방향이다. A와 B는 전하의 종류가 서로 다르므로 A와 B사이 당기는 힘이 작용한다. 즉, (나)에서 A에 작용하는 전기력의 방향은 $-x$방향이다.

14. 정답: ② ㄷ

ㄱ. 도선 B에 의한 점 p에서의 자기장은 위쪽이므로 도선 A에 의한 점 p에서의 자기장은 아래쪽이어야 하고, 따라서 A에 흐르는 전류의 방향은 종이면에 수직으로 들어가는 방향이다.

※ 두 도선 사이에 자기장의 세기가 0인 지점이 존재하면 두 도선에 흐르는 전류의 방향은 같으며, 그 역도 성립한다.

ㄴ. 점 p는 B보다 A에 더 가까이 위치해 있다. 그런데 두 도선에 의한 자기장이 서로 상쇄되므로 A보다 B에 흐르는 전류가 더 세다.

ㄷ. 도선 B에 의한 자기장의 세기는 두 점에서 같고, 두 도선에 의한 자기장은 q에서는 서로 상쇄되지만, r에서는 서로 보강된다. 비록 도선 A에 의한 자기장의 세기는 q에서가 r에서보다 더 세지만, 도선 B로 인해 보강된 자기장의 세기가 더 크므로 두 도선에 의한 자기장의 세기는 r에서 더 크다.

ㄷ보기 별해. 점 p와 q 사이 거리를 k라 하자. 도선 A, B가 d만큼 떨어진 점에 미치는 자기장의 세기를 각각 E_A, E_B 점 q에서의 자기장의 세기는 $\left| E_B - \dfrac{1}{k+d}E_A \right|$이고, 점 r에서의 자기장의 세기는 $\left| E_B + \dfrac{1}{k+3d}E_A \right|$이다. ㄷ이 성립하지 않을 조건은

$$\left| E_B - \frac{1}{k+d}E_A \right| \geq \left| E_B + \frac{1}{k+3d}E_A \right|$$

인데, 양 변을 제곱하여 정리한 다음 ㄱ으로부터 $\dfrac{E_A}{d} = \dfrac{E_B}{k+d}$가 성립한다는 점을 이용하면 주어진 부등식은 0 이상의 모든 k에 대해 성립하지 않는다. 따라서 ㄷ은 참이다.

15. 정답: ④ 240 J

A→B 과정, B→C 과정에서 기체가 외부에 한 일을 각각 $6E_0$, $5E_0$라 하자. B→C 과정에서 기체는 기체의 내부 에너지 변화량이 없으므로 기체가 흡수한 열량은 $5E_0$이다. D→A 과정에서 기체의 온도가 일정하므로 기체의 내부 에너지 변화량은 0이며 기체가 외부에 한 일은 -280 J이다. C→D 과정에서 기체가 외부에 일을 하지 않으므로 기체의 내부에너지 변화량은 -360 J이다. 기체가 한 순환에서 내부에너지 변화량이 0임을 이용하면 A→B 과정에서 기체의 내부에너지 변화량은 360 J이고, 열역학 제1법칙을 이용하면 A→B 과정에서 기체가 흡수한 열량은 $6E_0 + 360$ J이다. 열기관의 열효율을 통해 방정식 $\dfrac{11E_0 - 280\text{J}}{11E_0 + 36\text{J}} = \dfrac{1}{5}$을 얻을 수 있고, 해를 구하면 $E_0 = 40$ J이다.

16. 정답: ② $\dfrac{9}{2}t$

A가 Q를 지나는 순간, B가 S를 지나는 순간의 속력을 각각 v_1, v_2라 하자. A는 P에서 Q까지 등가속도 운동을 하므로 평균속도 공식을 이용하면 $\dfrac{v_1}{2}(3t) = 5L_1$이다. 마찬가지로 B가 T에서 S까지 등가속도 운동을 함을 이용하면 $\dfrac{v_2}{2}(2t) = 3L_1$이다. 앞의 두 식을 연립하면 $\dfrac{v_1}{v_2} = \dfrac{5}{3}$이며 따라서 $v_1 = 5v_0$, $v_2 = 3v_0$로 둘 수 있다. A가 P에서 R까지 이동하는 데 걸리는 시간은 $3t + \dfrac{L_2}{5v_0}$ ⋯ (1)이며, B가 R까지 이동하는 데

걸리는 시간은 $2t + \dfrac{L_2}{3v_0}$이다. A, B가 R에 동시에 도착하므로 $3t + \dfrac{L_2}{5v_0} = 2t + \dfrac{L_2}{3v_0}$이고, 식을 t에 대해

정리하면 $t = \dfrac{2L_2}{15v_0}$ ⋯ (2)이다. 한편, 문제에서 A가 P에서 R까지 이동하는 시간을 물어보고 있는데 이

시간은 식(1)에서 구할 수 있는데 여기서 $\dfrac{L_2}{5v_0}$를 t에 대해 바꾸어야 한다. 이것은 식(2)를 통해 할 수 있다.

식(2)에서 $t = \dfrac{2L_2}{15v_0} = \dfrac{2}{3}\dfrac{L_2}{5v_0}$이므로 $\dfrac{L_2}{5v_0} = \dfrac{3}{2}t$이다.

17. 정답: ② ㄷ

ㄱ. A, B를 하나의 계로 놓자. 두 물체의 질량의 합이 $3m$이고 A와 B에 작용하는 중력은 각각 $2mg$, mg
이다. t에서 $2t$까지 계에 가해지는 알짜힘은 A에서 아래쪽으로 $2mg - mg = mg$이므로 <뉴턴 제2법
칙 $F = ma$>에 의하여 t에서 $2t$까지 가속도의 크기는

$$mg = 3m \times a, \text{ 즉 } a = \frac{1}{3}g \text{ 이다.}$$

속도 - 시간 그래프에서 기울기는 가속도이므로 0부터 t까지 계의 가속도의 크기는 $\dfrac{2}{3}g$이다.

C의 질량을 km이라 하자. <뉴턴 제2법칙 $F = ma$>를 이용하여 식을 세우면

$$kmg + mg - 2mg = (km + m + 2m) \times \frac{2}{3}g \text{ 이다.}$$

이를 간단히 하면 $3(k-1) = 2(k+3)$, 즉 $k = 9$이다.
따라서 C의 질량은 $9m$이다.

ㄴ. C의 질량이 $9m$이므로 F와 A, B, C에 작용하는 중력이 평형임을 식으로 나타내면
$$F + 2mg = mg + 9mg, \text{ 즉 } F = 8mg \text{ 이다.}$$

ㄷ. $0.5t$일 때 A의 가속도가 위쪽으로 $\dfrac{2}{3}g$이므로 A에 작용하는 알짜힘은 <뉴턴 제2법칙 $F = ma$>에

의하여 위쪽으로 $\dfrac{4}{3}mg$이다.

A에 작용하는 힘은 중력과 실 p의 장력이고, A에 작용하는 중력은 $2mg$이므로 실 p의 장력을 T라
하면

$$T - 2mg = \frac{4}{3}mg, \text{ 즉 } T = \frac{10}{3}mg$$

이다.

한편 $1.5t$일 때 A의 가속도가 아래쪽으로 $\dfrac{1}{3}g$이므로 A에 작용하는 알짜힘은 <뉴턴 제2법칙

$F = ma$>에 의하여 아래쪽으로 $\dfrac{2}{3}mg$이다.

A에 작용하는 힘은 중력과 실 p의 장력이고, A에 작용하는 중력은 $2mg$이므로 실 p의 장력을 T^*이
라 하면

$$2mg - T^* = \frac{2}{3}mg, \text{ 즉 } T^* = \frac{4}{3}mg$$

이다. 따라서 $0.5t$일 때 실 p의 장력은 $1.5t$일 때 장력의 $\dfrac{5}{2}$배이다.

18. 정답: ③ ㄱ, ㄷ

ㄱ. B의 관성계에서, 속력은 A가 C보다 작으므로, A의 시간은 C의 시간보다 빠르게 간다.

ㄴ. 거울과 광원 사이 고유 길이는 A의 관성계에서 $\frac{1}{2}ct_A$이고, C의 관성계에서 거울과 광원 사이 거리는 길이 수축되어 $\frac{1}{2}ct_A$보다 작고 그 길이를 l이라 하자. C의 관성계에서 거울은 방출된 빛을 향해 다가오므로 광원에서 방출된 빛이 거울에 도달하는 데 걸리는 시간 T에 대해 $T < \frac{l}{c} < \frac{1}{2}t_A$이므로 $\frac{1}{2}t_A$보다 작다.

ㄷ. 왕복 시간은 t_A가 고유 시간이고, t_B, t_C는 팽창된 시간이다. B의 관성계에서가 C의 관성계에서보다 더 팽창 효과가 크므로 A의 관성계에서 속력은 B가 C보다 크고, B가 탄 우주선 길이의 수축 효과가 C가 탄 우주선의 수축 효과보다 크다. A의 관성계에서 우주선의 수축된 길이가 L로 같으므로 우주선의 고유 길이는 B가 탄 우주선이 C가 탄 우주선보다 길다. B의 관성계에서의 C가 탄 우주선의 속력과 C의 관성계에서 B가 탄 우주선의 속력이 같으므로 우주선의 고유 길이로부터의 길이 수축 효과는 같다. 따라서 B의 관성계에서 측정한 C가 탄 우주선의 길이는 C의 관성계에서 측정한 B가 탄 우주선의 길이보다 작다.

19. 정답: ③ 2

<Lecture> 질량이 같은 두 물체의 1차원 탄성 충돌
질량이 같은 두 물체가 1차원 운동을 하다 탄성 충돌을 하면, 충돌 후 두 물체의 속도가 서로 바뀌게 된다. 더욱 엄밀하게 서술하면,
질량의 m으로 같은 두 물체 A, B가 1차원 운동을 하고 있다고 하자. 두 물체가 충돌하기 전 A, B의 속도를 각각 v_1, v_2라고 하자. (속도의 방향은 부호로 구분해주기로 약속한다.) 두 물체가 탄성 충돌을 한다면 두 물체의 충돌 후 속도는 각각 v_2, v_1이다.

Warning. 두 물체의 속력이 바뀌는 것이 아닌 속도가 바뀌는 것에 주의하자.

sol 1.
중력 퍼텐셜 에너지의 기준을 수평면으로 놓으면, 중력 퍼텐셜 에너지는 Q에서가 P에서의 4배이다. 따라서 수평면에 진입했을 때 물체의 속력은 B가 A의 2배($v = \sqrt{2gh}$)이다. 이때의 물체의 속력을 각각 v, $2v$라 하자.
두 물체가 경사면을 내려오는 데 걸리는 시간을 비교해 보자. 경사면에서의 평균 속력은 B가 A의 2배이고, 경사면의 길이는 B가 A의 4배이므로 소요 시간은 B가 A의 2배이다. 따라서 경사면을 내려오는 데 걸리는 시간은 발문에 따라 각각 t, $2t$이다(두 경사면의 기울기가 같으므로 $t \propto \sqrt{h}$ 가 일반적으로 성립한다. $t = \sqrt{\frac{h}{2g}}$ 는 오직 자유 낙하에서만 성립한다는 것에 주의할 것)
먼저 A와 B가 충돌한 후의 상황에서 <충격량=운동량의 변화량 $Ft = m\triangle v$ >를 이용해보자. 질량 2kg의 A에 5N의 마찰력이 4초 동안 작용하여 점 R에서 정지하였다. 이를 위의 식에 대입해보면 $5 \times 4 = 2 \times \triangle v$, $\triangle v$=10이므로 충돌 직후 A의 속력은 $10 m/s$이다. 또한 충돌 후 A가 이동한 거리는 20m이므로 충돌 전 A가 이동한 거리도 20m이다. 따라서 충돌 전 A가 수평면에 진입하는 속력 v=10m/s이다.
이제 B의 경우를 생각해보자. A와 B는 질량이 같고 탄성 충돌을 하였으므로 충돌 직전의 B의 속력은 10m/s임을 알 수 있고, 충돌 전 수평면에서 A가 이동한 거리는 20m이므로 B가 이동한 거리는 80-20=60m이다. 정리하면, B는 수평면에 $2v$의 속력으로 진입하여 $(8-2t)$의 시간동안 60m를 이동하여 A와 충돌하

였다. 이를 평균속도를 이용하여 t에 관한 식을 세우면, $\dfrac{10+20}{2}\times(8-2t)=60 \Rightarrow t=2$ 이다.

sol 2. 중력 퍼텐셜 에너지의 기준을 수평면으로 놓으면, 중력 퍼텐셜 에너지는 Q에서가 P에서의 4배이다. 따라서 수평면에 진입했을 때 물체의 속력은 B가 A의 2배($v=\sqrt{2gh}$)이다. 이때의 물체의 속력을 각각 v, $2v$라 하자.

두 물체가 경사면을 내려오는 데 걸리는 시간을 비교해 보자. 경사면에서의 평균 속력은 B가 A의 2배이고, 경사면의 길이는 B가 A의 4배이므로 소요 시간은 B가 A의 2배이다. 따라서 경사면을 내려오는 데 걸리는 시간은 발문에 따라 각각 t, $2t$이다(두 경사면의 기울기가 같으므로 $t \propto \sqrt{h}$가 일반적으로 성립한다. $t=\sqrt{\dfrac{h}{2g}}$는 오직 자유 낙하에서만 성립한다는 것에 주의할 것).

이제 수평면에서의 상황을 계산해 보자. 마찰력이 5 N이므로 수평면에서 두 물체의 가속도는 $-\dfrac{5}{2}$ m/s^{2}이다.

미지수는 v와 t이므로 이 두 문자에 대한 식 2개를 찾으면 문제를 풀 수 있다. 먼저 물체 A는 언제 정지했는지 알 수 없으므로 정지한 적이 없는 물체 B의 가속도를 v와 t로 나타내면 $\dfrac{10-2v}{8-2t}=-\dfrac{5}{2}$이다.

다음으로 두 물체가 충돌하는 상황을 고려하자. 결론을 먼저 말하자면, 충돌 직전 B의 속력과 충돌 직후 A의 속력은 10 m/s로 동일하고, A가 충돌 후 이동한 거리는 20 m이다. 이는 두 가지 방법으로 증명할 수 있다.

1) 충돌 직전 A, B의 속도를 v_A, v_B, 충돌 직후 A, B의 속도를 $v_A{}'$, $v_B{}'$라 하자. 오른쪽을 양의 방향으로 잡으면 운동량 보존 법칙에 의해 $2v_B=2v_A{}'+2v_B{}'$가 성립하고, 충돌 전후 운동 에너지가 보존되므로 $v_B^2=v_A{}'^2+v_B{}'^2$이다. 두 식을 연립하면 $v_A{}'=v_B$, $v_B{}'=0$이다.

2) 충돌 전후에 운동 에너지가 보존되므로 이 충돌은 탄성 충돌이다. 두 물체의 질량이 같으면 속도가 교환되므로 충돌 직전 B의 속력과 충돌 직후 A의 속력은 같다.

A는 4초 후 수평면 끝에서 정지하였으므로 충돌 직후 A의 속력은 $\dfrac{5}{2}\times4=10$ m/s이고, 4초 동안 이동한 거리는 $\dfrac{10+0}{2}\times4=20$ m이다. 따라서 B가 수평면에서 이동한 거리는 $80-20=60$ m이므로 등가속도 운동 공식에 의해 $2\times\left(-\dfrac{5}{2}\right)\times60=10^2-4v^2 \Rightarrow v=10$ m/s이고, v를 위에서 계산한 B의 가속도 식에 대입하면 $t=2$이다.

20. 정답: ④ $\frac{136}{81}L$

편의상 언덕 위 방향 속도를 양(+)으로 하자. 문제에서 주어진 운동량 비와 운동량 보존 법칙을 이용하면, 충돌 전 A, B의 속도가 각각 $8v_1$, $-6v_1$이라 할 수 있고, 충돌 후 A, B의 속도를 각각 $-2v_1$, $9v_1$이라 할 수 있다. 충돌 후 A, B의 속도의 방향이 나오지 않아서 케이스를 구분하여서 문제를 해결하여야 하는데 여기서는 독자에게 맡기겠다. 충돌 후 A의 속도가 음수라고 하면, 운동량 보존식을 통해 B의 충돌 후 속력을 구할 수 있는데, B의 충돌 후 속력은 B의 충돌전 속력보다 작게 된다. (가)와 (나)에서 B의 역학적 에너지를 고려하면 충돌 후 B의 역학적 에너지는 증가하여야 하므로 해당 케이스가 잘못됨을 알 수 있다. A 또는 B가 빗면 위에서 L만큼 움직일 때 높이 변화를 h라 하자. (가)로부터 B가 A와 충돌하기 직전까지 B에 대해 에너지 보존 법칙을 사용하면 $\frac{1}{2}(2m)v^2 + (2m)gh = \frac{1}{2}(2m)(6v_1)^2 \cdots$ (1)이다. B가 A와 충돌한 직후부터 (나)의 상황까지에 대해 에너지 보존 법칙을 사용하면,

$\frac{1}{2}(2m)(9v_1)^2 = \frac{1}{2}(2m)(2v)^2 + (2m)g(2h) \cdots$ (2)이다. 식 (1), (2)를 연립하면 $v = \frac{3\sqrt{2}}{2}v_1 \cdots$ (3),

$mgh = \frac{63}{4}mv_1^2 \cdots$ (4)이다. (가)에서 A가 용수철에서 분리된 직후부터 B와 충돌하기 직전까지 에너지 보존을 이용하면 $\frac{1}{2}k(3x)^2 = 3mg(2h) + \frac{1}{2}(3m)(8v_1)^2 \cdots$ (5)이다. (5)에 (3), (4)를 대입하면

$\frac{1}{2}kx^2 = \frac{127}{6}mv_1^2$이다. b와 c 사이의 거리를 L_{bc}라 하자. (나)로부터 A가 용수철을 압축하여 정지할 때까지에 대해 에너지 보존을 이용하면

$\frac{1}{2}(3m)(2v_1)^2 + 3mg\frac{L_{bc}}{L} = \frac{1}{2}kx^2$이다. 앞에서 얻은 값들을 대입하면 $L_{bc} = \frac{26}{81}L$이다. 따라서 a와 b 사이의 거리는 $2L - \frac{26}{81}L = \frac{136}{81}L$이다.